高等职业教育**智能建造专业**系列教材

建筑设备工程BIM技术

JIANZHU SHEBEI GONGCHENG BIM JISHU

主　编◎边凌涛　肖　露

副主编◎罗　琦　陶海波　廖成成　林　昕

参　编◎张远艳　陈　欢　徐佳莉　代　霞
　　　　李晓倩　陈德明　高佳琦

主　审◎于海祥

重庆大学出版社

内容提要

本书是根据智能建造技术、装配式建筑工程技术等专业的数字化转型的基本要求,结合高等职业教育教学改革实践经验并融入土木建筑类职业技能标准编写而成的,全书共4模块16个项目。模块1为BIM模型创建,主要介绍建筑设备工程暖、水、电的BIM模型创建、Autodesk Revit族创建;模块2为BIM设计管理,主要介绍BIM技术在建筑设备设计阶段净高分析、碰撞检查、管线综合调整优化、支吊架、预留预埋、预制装配式的应用及成果输出等;模块3为BIM施工管理,主要介绍BIM技术在建筑设备施工阶段进度模拟、工艺模拟、成本控制、安全管理及竣工交付管理等;模块4为BIM运维管理,主要介绍利用BIM技术进行设施设备管理及能源管理等。

本书可作为高等职业教育智能建造技术、装配式建筑工程技术等专业建筑设备工程BIM课程的教学用书,也作为课程设计、实训的辅导资料,还可作为工程建设行业中规划、设计、施工及运维技术人员参考用书。

图书在版编目(CIP)数据

建筑设备工程 BIM 技术 / 边凌涛,肖露主编. -- 重
庆:重庆大学出版社,2023.4
高等职业教育智能建造专业系列教材
ISBN 978-7-5689-3863-1

Ⅰ.①建…　Ⅱ.①边…②肖…　Ⅲ.①房屋建筑设备
—建筑设计—计算机辅助设计—应用软件—高等职业教育
—教材　Ⅳ.①TU8-39

中国国家版本馆 CIP 数据核字(2023)第 069782 号

高等职业教育智能建造专业系列教材
建筑设备工程 BIM 技术
主　编　边凌涛　肖　露
副主编　罗　琦　陶海波
　　　　廖成成　林　昕
主　审　于海祥
策划编辑:林青山　范春青
责任编辑:姜　凤　　版式设计:林青山
责任校对:谢　芳　　责任印制:赵　晟

*

重庆大学出版社出版发行
出版人:饶帮华
社址:重庆市沙坪坝区大学城西路 21 号
邮编:401331
电话:(023) 88617190　88617185(中小学)
传真:(023) 88617186　88617166
网址:http://www.cqup.com.cn
邮箱:fxk@ cqup.com.cn(营销中心)
全国新华书店经销
重庆华林天美印务有限公司印刷

*

开本:787mm×1092mm　1/16　印张:18.25　字数:434 千
2023 年 4 月第 1 版　　2023 年 4 月第 1 次印刷
印数:1—2 000
ISBN 978-7-5689-3863-1　定价:59.00 元

前言
FOREWORD

党的二十大报告指出,"加快发展数字经济,促进数字经济和实体经济深度融合。"建筑业正在由高速增长阶段转向高质量发展阶段,迫切需要数字信息技术和产业的创新驱动。建筑设备工程 BIM 技术既涵盖多专业知识,也涉及国家相关规范。本书以"1+X 建筑信息模型(BIM)职业技能等级标准"建筑设备应用中级为基础,参照了《建筑信息模型应用统一标准》(GB/T 51212—2016)、《建筑信息模型分类和编码标准》(GB/T 51269—2017)、《建筑信息模型施工应用标准》(GB/T 51235—2017)、《建筑信息模型设计交付标准》(GB/T 51301—2018)、《建筑工程设计信息模型制图标准》(GJ/T 448—2018)等系列规范。工程建设行业中以建筑设备工程 BIM 技术应用为目标,根据作者多年的工程实际经验及教学实践,在课堂教案与自编教材的基础上多次修改、补充编撰而成,系统地介绍了工程建设行业中建筑设备 BIM 技术应用的内容及方法。

本书经过多次修订完善后,具有以下特色:

①教材挖掘了知识点对应的育人元素,在任务分析、任务实施的过程中,融入了节能环保、规范意识、科学思维等职业素养教育元素和创新能力培养内容,以达到"润物细无声"的效果。

②教材采用项目驱动教学法,遵循"以学生为中心、教师为主导"的原则,循序渐进地介绍了在建筑设备工程项目规划、设计、施工及运维中所需的 BIM 技术,以"典型技能项目"贯穿实践教学,实现教学目标"岗位化"、教学内容"任务化"、教学过程"职业化"、能力考核"工程化"。

③教材广泛吸纳行业专家参编,贯彻"实践为主、理论为辅"的原则,在内容安排上淡化理论知识,融入新技术、新工艺、新规范,有助于读者对知识应用的掌握以及实际操作能力的培养。

④教材配有视频、Revit 模型、电子课件、习题库等数字资源,需要者可扫描二维码观看或加入教学交流群获取。

本书由重庆电子工程职业学院边凌涛、肖露担任主编;重庆电子工程职业学院罗琦、廖成成,重庆工商职业学院林昕,重庆科恒建材集团有限公司陶海波担任副主编。边凌涛、肖露编写前言,与罗琦、廖成成合编模块 1 项目 1—4;与陶海波、林昕、张远艳(重庆科恒建材集团有限公司)、陈欢(重庆科恒建材集团有限公司)、张继琼(重庆科恒建材集团有限公司)合编模块 2 项目 5—8;与陶海波、李晓倩(重庆建工集团)、陈德明(黑龙江建筑职业技术学院)、张远艳、陈欢、张继琼合编模块 3 项目 9—14;与陶海波、陈德明、张远艳、陈欢、张继琼合编模块 4 项目 15—16;与李晓倩、代霞合编题库、仿真视频、电子课件和习题库等;与重庆市筑云科技有限公司高佳琦合编 BIM 项目案例实施方案、三维模型及管线综合等。重庆建工集团股份有限公司李晓倩、李春涛、王玉龙、向子凯等为本书的编写提供了诸多指导、资料及案例。全书由于海祥主审。在本书编写过程中参考了大量公开出版的书籍和资料,在此谨向有关作者表示由衷的感谢。

由于编者水平有限,书中难免存在不妥及疏漏之处,敬请读者批评指正。

编　者

2022 年 11 月

目录
CONTENTS

模块1

建筑设备工程BIM模型创建

【教学目标】

[建议学时]

32+14(实训)。

[素质目标]

①培养精准创建设备工程 BIM 模型的能力；

②培养灵活运用软件功能,综合解决设备工程模型创建疑难问题的能力。

[知识目标]

①掌握建筑设备工程样板文件的创建方法；

②掌握建筑设备工程 BIM 模型的创建方法。

[能力目标]

能够创建满足项目需求的设备工程 BIM 模型。

"1+X"证书
制度BIM建筑
信息模型(BIM)
职业技能等级
标准

项目 1　暖通项目创建

任务 1　暖通图纸分析

【任务信息】

完整的暖通专业系统通常包括通风系统、防烟系统、排烟系统、空调风系统、空调水系统。本项目通过案例"某办公楼暖通设计"来学习暖通专业识图以及在 Revit 中创建暖通模型的方法,项目包含地下部分(车库)、地上部分(办公楼)。

本次任务为:分析本项目暖通专业图纸内容,为模型创建做准备。

【任务分析】

图纸的学习内容包括设计说明、图例、平面图、系统图,涉及的系统包括通风系统、防烟系统、排烟系统、空调风系统和空调水系统。

【任务实施】

一套完整的暖通专业图纸包括设计说明、图例、大样图、系统图和平面图。在图纸学习过程中,注意先后顺序。

1) 设计说明、图例

"暖通设计总说明"是对该工程具体设计内容的详细说明,阅读设计说明,能帮助学习者理解整个工程概况及设计思路,"图例"能帮助学习者识图,理解图纸中不同系统编号所代表的含义,如图 1-1-1 所示。

空调通风设备编号规则:

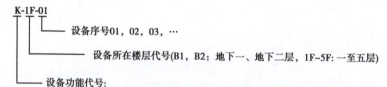

K-1F-01
　　　　└── 设备序号01, 02, 03, …
　　└── 设备所在楼层代号(B1, B2:地下一、地下二层, 1F~5F: 一至五层)
└── 设备功能代号:

PY—排烟风机;P(Y)—排风兼排烟风机;S—补风风机;SF—送风风机;S(X)—平时兼消防补风风机;
P—排风风机;JY—加压送风;ZK—组合式空调机组;XK—新风机组;FK—分体空调;FP—风机盘管;
KD—吊柜式空调器;SP—事故排风机;PYY—排油烟风机;SYY—厨房补风风机;CF—油烟净化器;
DL—多联空调系统

图 1-1-1

2）系统图

系统图包括防烟系统图、排烟系统图、空调风系统图、空调水系统图。在学习平面图之前，先看系统图对整个系统有一个大致的了解，再看平面图时，如图 1-1-2 所示，就能将不同的平面图所表达的内容进行贯通。

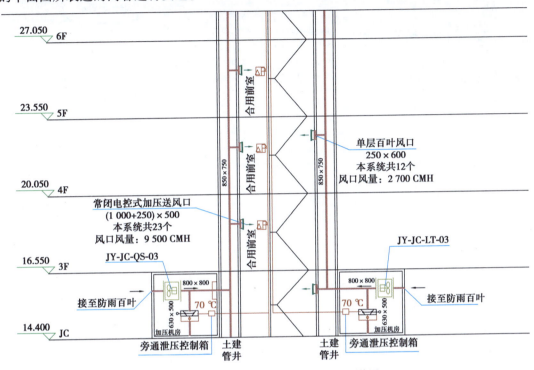

S03防烟楼梯间及合用前室加压送风系统图

图 1-1-2　系统图

3）平面图

各层空调、通风及防排烟平面图、空调水平面图详细地表达了设备、管线、阀门的平面布置，在绘制模型时，需要将各层平面图导入对应的楼层平面中，如图 1-1-3 所示。

4）大样图

学习大样图，有助于理解设备的安装形式，如图 1-1-4 所示。

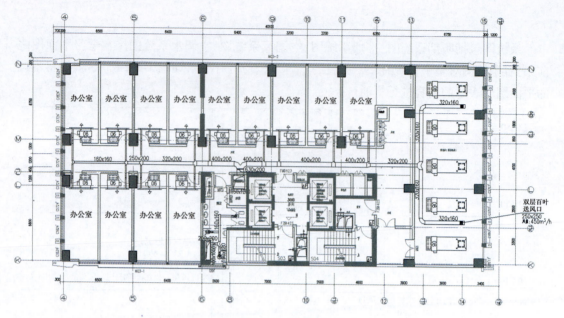

图 1-1-3　平面图

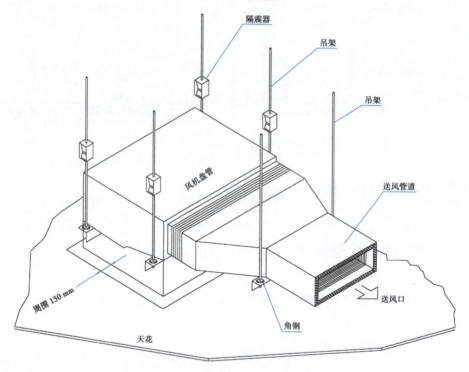

图 1-1-4　风机盘管安装大样图

【任务总结】

看懂图纸是建模的首要条件,通过学习图纸,能正确分辨不同的系统,了解不同系统编号所代表的含义,对后续建模起着非常重要的作用。进行图纸整理学习可参照表 1-1-1。

表 1-1-1　暖通专业系统

系统名称	系统编号	系统颜色
排风系统	PF-RF-01	RGB:255,191,127
排烟系统	PY-RF-01	RGB:255,255,0
⋮		

《通风与空调工程施工质量验收规范》(GB 50243—2016)

【课后任务】

一、单选题

1. 建筑信息模型(BIM)职业技能是指通过使用各类建筑信息模型(BIM)软件,创建、应用与管理适用于建设工程及设施(　　)所需的三维数字模型的技术能力的统称。

A. 规划

B. 设计

C. 施工及运维

D. 以上全是

2. 净高分析时,建筑各功能区净高应满足规范要求,地下车库车道部分净高要求为(　　)。

A. ≥2.2 m　　　　B. ≤2.2 m　　　　C. ≥2.0 m　　　　D. ≤2.0 m

3. 主楼地下室通风、排烟系统需要反馈动作信号的防火阀有(　　)。

A. 排烟风机接风井处

B. 排烟风机风管出机房处

C. 补风机接风井处

D. 补风机风管出机房处

二、多选题

1. 机电深化设计模型应包括(　　)等各系统的模型元素。

A. 给水排水　　　　B. 暖通空调　　　　C. 建筑电气　　　　D. 建筑结构

2. 建筑暖通施工图的图样一般有(　　)。

A. 设计、施工说明

B. 图例、设备材料表

C. 平面图

D. 系统图

E. 流程图

3. 主楼地下室通风、排烟系统需要与风机连锁的防火阀包括(　　)。

A. 排烟风机接风井处

B. 排烟风机风管出机房处

C. 补风机接风井处

D. 补风机风管出机房处

三、填空题

1. 新风管道与卫生间排水管交叉时,排水管调整至_____安装,避让新风管。

2. 机械排烟系统中,排烟口距疏散口的距离不应小于_____m。

3. 暖通施工图中表示散热器及散热器连接支管线、采暖通风空调设备的轮廓线和风管法兰线的是_____。

任务 2　暖通样板文件的创建

【任务信息】

暖通专业在使用 Revit 创建模型时,通常选用系统自带的"机械样板"。机械样板中默认的设置项,不能满足暖通专业的全部需求,在创建模型前,需要创建符合项目实际需要的暖通项目样板。

本次任务为:根据案例项目的需要,设置暖通专业项目样板文件。

【任务分析】

设置暖通专业项目样板文件时,需要设置的内容包括风管系统、管道系统、管道类型、过滤器、项目浏览器组织、视图样板。

【任务实施】

1)新建项目样板

打开 Revit 软件,在打开的界面中选择"项目"→"新建",如图 1-2-1 所示,在弹出的"新建项目"对话框中,选择"样板文件"中的"机械样板"。在"新建"选项处选择"项目样板",打开项目样板,将项目样板保存为"暖通样板",如图 1-2-2 所示。

图 1-2-1　新建项目样板步骤 1

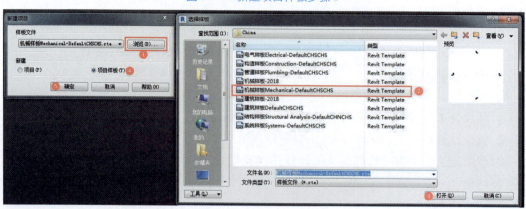

图 1-2-2　新建项目样板步骤 2

2）设置风管系统

在软件自带的项目样板中，默认的风管系统只有回风、送风、排风，如图 1-2-3 所示，不能满足实际绘图需要，用户需要根据已有的风管系统创建新的风管类型。

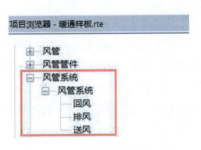

图 1-2-3　默认的样板风管系统

"某办公楼暖通设计"项目中的风管系统有排风系统、送风系统、防烟系统、排烟系统、排风（烟）系统、补风系统、送（补）风系统、新风系统、空调送风系统、空调回风系统。

可基于"送风"创建的风管系统有防烟系统、补风系统、送（补）风系统、新风系统、空调送风系统；可基于"排风"创建的风管系统有排烟系统、排风（烟）系统；可基于"回风"创建的风管系统有空调回风系统。为便于管理，可在新建的风管系统名称前加前缀"N-"。

以防烟系统为例，讲解添加风管系统的具体操作步骤：

①新建风管系统：选择项目样板中已有的风管系统——"送风"，单击鼠标右键，在弹出的菜单中选择"复制"，在"送风"下方可以看到已新增的风管系统——"送风 2"，如图 1-2-4 所示。

②重命名风管系统：选择"送风 2"，单击鼠标右键，在弹出的菜单中选择"重命名"，将名称修改为"N-加压送风系统"，如图 1-2-5 所示。

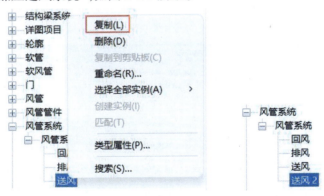

图 1-2-4　复制风管系统

图 1-2-5　重命名风管系统

③使用上述方法,依次创建其他风管系统。

④检查布管系统配置:选择"系统"→"风管",在"属性"对话框中选择"矩形风管/半径弯头/T 形三通",单击"属性"对话框中的"编辑类型",如图 1-2-6 所示。在打开的"类型属性"对话框中选择"布管系统配置"右侧的"编辑",打开"布管系统配置"对话框,检查管件类型是否设置正确,未设置的,则按照图中所示进行设置,设置完后,依次单击"布管系统配置"对话框、"类型属性"对话框中的"确定"按钮,如图 1-2-7 所示。

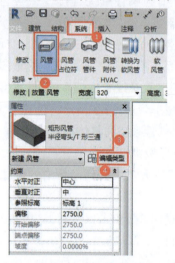

图 1-2-6　风管属性

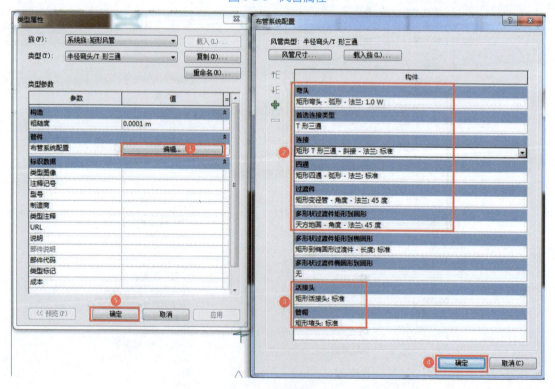

图 1-2-7　布管系统配置

⑤用步骤④中的方法检查圆形风管的布管系统配置。

3）设置管道系统

管道系统的创建方法和风管系统的创建方法相同。基于项目样板中已有的管道系统,如图 1-2-8 所示,通过"复制"和"重命名"的方法创建新的管道系统。

"某办公楼暖通设计"项目中的管道系统有冷冻水供水管、冷冻水回水管、冷却水供水管、冷却水回水管、空调冷凝水管、膨胀管。当软件自带的项目样板中没有实际项目所需要的管道系统时,需用户自行创建。

可基于"循环供水"创建的管道系统有冷冻水供水管、冷却水供水管,可基于"循环回水"创建的管道系统有冷冻水回水管、冷却水回水管,可基于"卫生设备"创建的管道系统有空调冷凝水管,膨胀管可基于"其他"创建。为便于管理,在所有的暖通专业管道系统前都加上前缀"空调",如图 1-2-9 所示。

图 1-2-8 　默认的样板管道系统

图 1-2-9 　创建的管道系统

4）设置管道类型

项目样板中自带的管道系统为"默认",如图 1-2-10 所示,管道材质为"碳钢"。在实际工程中,不同的管道系统所需要使用的管道材质也不同。通过查看图纸中的"施工说明"可知不同的管道系统材质。以空调冷凝水管为例。

空调冷凝水管采用"UPVC 管,粘接",项目样板自带的管段中已有"GB/T 5836 PVC-U"管段的,可直接选用。

图 1-2-10 　原样板管道类型

①新建管道类型:基于项目样板中已有的"管道类型"→"默认",通过复制、重命名的操作,新建管道类型"空调冷凝水管"。

②打开"布管系统配置"对话框:在管道类型下选择"空调冷凝水管",单击鼠标右键,在弹出的菜单中选择"类型属性";在"类型属性"对话框中,选择"布管系统配置"右侧的"编辑",打开"布管系统配置"对话框,如图 1-2-11 所示。

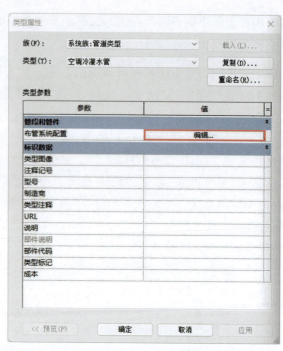

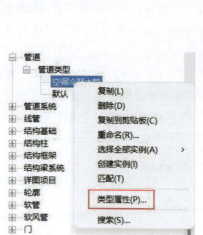

图 1-2-11　类型属性

③载入管件族：在打开的"布管系统配置"对话框中，选择"载入族"，在弹出的"载入族"对话框中，依次选择"机电"→"水管管件"→"GB/T 5836 PVC-U"→"承插"目录，按住"Ctrl"键选择"管接头-PVC-U-排水""管帽-PVC-U-排水""顺水三通-PVC-U-排水""顺水四通-PVC-U-排水""同心变径管-PVC-U-排水""弯头-PVC-U-排水"，单击"打开"按钮，将选中的族载入项目样板中，如图 1-2-12 所示。

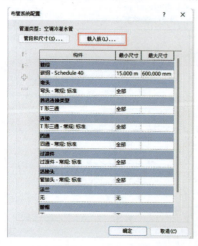

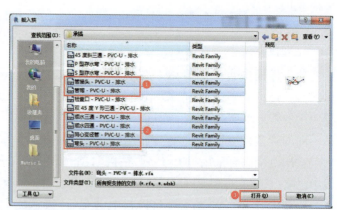

图 1-2-12　载入族

④设置布管系统配置：在"布管系统配置"对话框中，在"管段"栏中选择"PVC-U-GB/T 5836"、在"弯头"栏中选择"弯头-PVC-U-排水：标准"、在"连接"栏中选择"顺水三通-PVC-U-排水：标准"、在"四通"栏中选择"顺水四通-PVC-U-排水：标准"、在"过渡件"栏中选择"同心变径管-PVC-U-排水：标准"、在"活接头"栏中选择"管接头-PVC-U-排水：标准"、在

"管帽"栏中选择"管帽-PVC-U-排水：标准"，如图 1-2-13 所示。

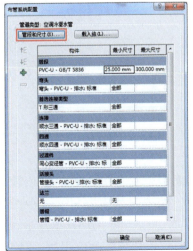

图 1-2-13　空调冷凝水管布管系统配置

　　⑤新建管道尺寸：项目样板中自带的"PVC-U-GB/T 5836"管道尺寸最小值为 25.000 mm，在实际工程中，风机盘管冷凝水管的尺寸一般为 DN20，需要新建管道尺寸。在"布管系统配置"对话框中，选择"管段和尺寸"，打开"机械设置"对话框，在"管段"栏中选择"PVC-U-GB/T 5836"，单击"尺寸目录"下的"新建尺寸"，如图 1-2-14 所示。在弹出的"添加尺寸"对话框中，设置"公称直径"栏为"20.000 mm"、"内径"栏为"19.400 mm"、"外径"栏为"25.000 mm"，单击"确定"按钮，在"尺寸目录"中能看到新增加的尺寸"20.000 mm"。用同样的方法新建尺寸 DN50，内径为"53.600 mm"，外径为"63.000 mm"。当项目中所需要的管道尺寸添加完成后，单击"机械设置"对话框中的"确定"按钮，返回到"布管系统配置"对话框，如图 1-2-15 所示。

图 1-2-14　新建管道尺寸步骤 1

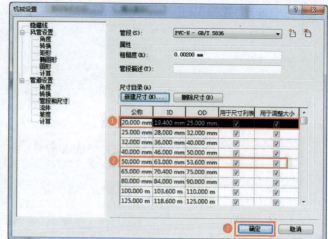

图 1-2-15　新建管道尺寸步骤 2

⑥设置"管段"栏"最小尺寸"：在"布管系统配置"对话框中，将"管段"栏中"最小尺寸"设置为"20.000 mm"。所有参数均设置完成后，依次单击"布管系统配置"对话框中的"确定"和"类型属性"对话框中的"确定"按钮，如图 1-2-16 所示。

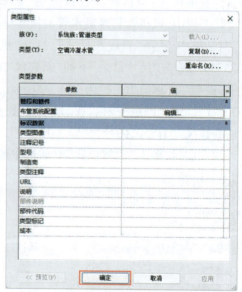

图 1-2-16　最小管径设置

【任务总结】

图 1-2-17　创建完的项目样板

将项目样板设置完成后并保存在文件夹中，在后续任务中创建模型时可直接使用。需要注意的是，不同专业的项目样板在设置"图形可见性"时，重点显示的均是本专业的相关图元。在模型应用阶段，尤其是管线综合应用时，需要显示全专业的图元。因此，机电各专业在设置视图样板时，应再增设"管线综合"视图样板，如图 1-2-17 所示。

【课后任务】

一、单选题

1. 下列属于项目样板设置内容的是(　　)。

A. 项目中构件和线的样式以及样式和族的颜色

B. 模型和注释构件的线宽

C. 建模构件的材质,包括图像在渲染后看起来的效果

D. 以上皆是

2. 三维建模时,各专业协同绘图的方式不包括(　　)。

A. 可以使用链接方式完成各专业间协同工作

B. 可以使用工作集方式完成各专业间协同工作

C. 可以使用链接方式完成专业内部协同工作

D. 可以使用拷贝方式完成专业内部协同工作

3. (　　)功能是 BIM 项目协同设计中的一项重要工作,该工作能提早发现问题并及时进行调整,减少错、漏、碰、缺等现象的出现。

A. 碰撞检查　　　　B. 出图检测　　　　C. 施工检测　　　　D. 进度管理

二、多选题

1. Revit 准备建模时项目样板的选择有(　　)。

A. 建筑样板　　　B. 结构样板　　　C. 机械样板　　　D. 视图样板　　　E. 构造样板

2. Revit 视图"属性"面板"规程"参数中包含的类型有(　　)。

A. 建筑　　　　　B. 结构　　　　　C. 电气　　　　　D. 卫浴　　　　　E. 给排水

3. Revit 可以直接打开的文件格式有(　　)。

A. . dwg　　　　　B. . rvt　　　　　C. . rfa　　　　　D. . max　　　　　E. . nwc

4. 按通风作用范围的不同,通风系统可分为(　　)。

A. 机械通风　　　B. 全面通风　　　C. 自然通风　　　D. 集中通风　　　E. 局部通风

5. 下列关于过滤器功能的描述,正确的是(　　)。

A. Revit 过滤器功能不可以调整构件的显示颜色

B. Revit 过滤器功能不可以修改构件的出厂信息

C. Revit 过滤器功能不可以修改构件的材质

D. Revit 过滤器功能可以根据构件名称来设定

E. Revit 过滤器功能可以修改构件的名称

三、判断题

1. BIM 软件可输出的成果文件是音频文件。　　　　　　　　　　　　　　(　　)

2. 在 Revit 项目视图显示中,"真实"显示样式的显示效果最接近实际项目。　(　　)

3. 对系统进行整体颜色填充可使用的方法是添加系统材质。　　　　　　　(　　)

任务 3 **复制标高轴网**

【任务信息】

一个完整的项目,标高和轴网通常是由建筑专业制订的。暖通专业在创建模型时,只需将已有的标高和轴网进行复制。

本次任务为:根据"建筑标高轴网模型"创建暖通项目中的标高和轴网。

【任务分析】

在平面视图中复制轴网,在立面图中复制标高。

【任务实施】

复制标高轴网的操作步骤具体如下:

①新建项目:在软件界面上选择"项目"→"新建",在弹出的"新建项目"对话框中选择"新建/项目",单击"样板文件"栏中的"浏览",在"选择样板"对话框中找到任务 2 中创建的"暖通样板"文件,选中后依次单击"选择样板"对话框、"新建项目"对话框中的"确定"按钮,如图 1-3-1 所示。

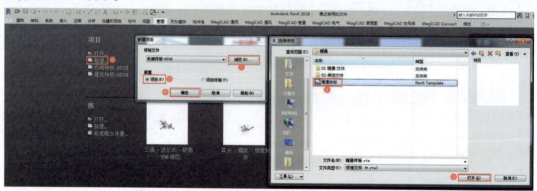

图 1-3-1　新建项目

②链接建筑标高轴网模型:选择"插入"→"链接 Revit",如图 1-3-2 所示。在打开的"导入/链接 RVT"对话框中选择"建筑标高轴网模型",将定位设置为"自动-原点到原点",单击"确定"按钮。需要注意的是,结构、给排水、电气专业的模型,在使用"建筑标高轴网模型"复制创建本专业标高轴网时,定位方式应一致,均采用"自动-原点到原点",如图 1-3-3 所示。

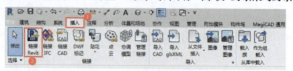

图 1-3-2　链接 Revit 命令

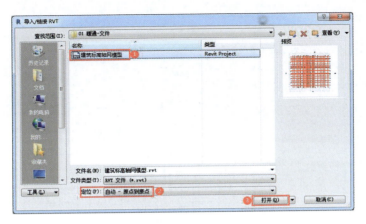

图 1-3-3 链接建筑标高轴网模型

③复制轴网：选择"协作"→"复制/监视"→"选择链接"，选中链接进来的模型，单击第三行菜单栏中的"复制"，再勾选第四行菜单栏中"多个"前面的复选框，选中所有轴线后，依次单击第四行菜单栏、第三行菜单栏中的"完成"，即可完成轴网的复制，如图 1-3-4 至图 1-3-6 所示。

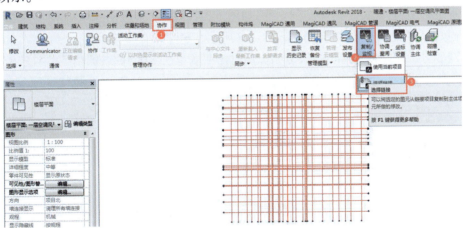

图 1-3-4 复制轴网步骤 1

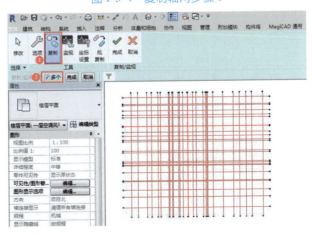

图 1-3-5 复制轴网步骤 2

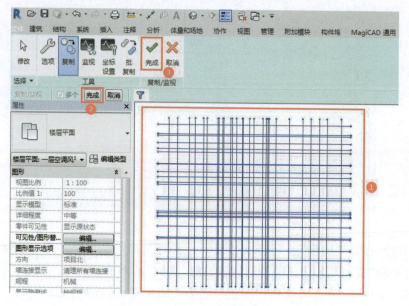

图 1-3-6　复制轴网步骤 3

④复制标高：首先将视图切换到立面，如图 1-3-7 所示。将原来的"标高 1"和"标高 2"删除，删除标高时忽略弹出的警告，如图 1-3-8 所示。删除原有的标高后，复制标高的方法和复制轴网的方法相同，其区别在于，复制标高时需要选中所有的标高，如图 1-3-9 所示。

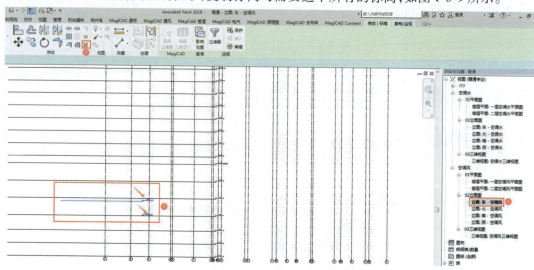

图 1-3-7　切换立面视图

图 1-3-8　删除原标高

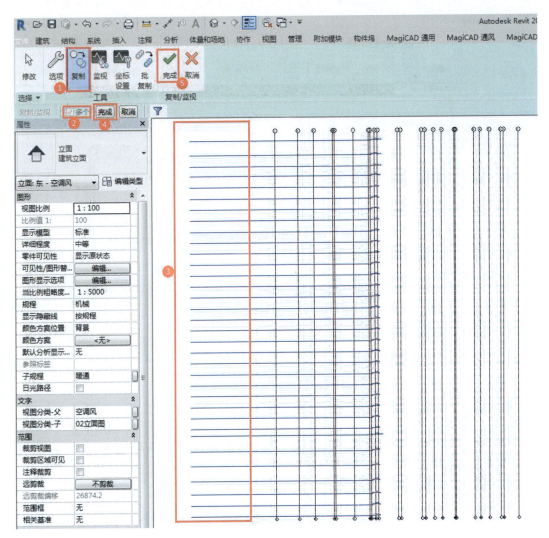

图 1-3-9　复制标高

⑤删除链接：复制完标高和轴网后，可删除"建筑标高轴网模型"。选择"管理"→"管理链接"，如图 1-3-10 所示。在打开的"管理链接"对话框中选择"建筑标高轴网模型"→"删除"，依次单击"删除链接"对话框、"管理链接"对话框中的"确定"按钮，即可完成操作，如图1-3-11 所示。

图 1-3-10　管理链接命令

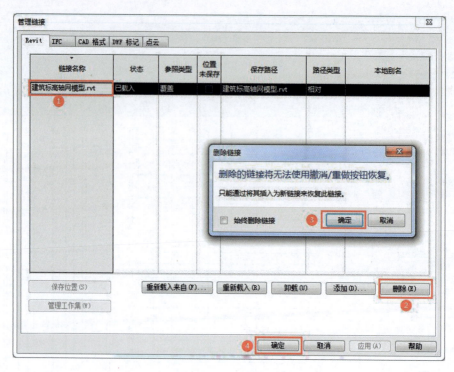

图 1-3-11　删除链接

【任务总结】

完成轴网和标高的创建后,保存模型,进行下一步操作,如图 1-3-12 所示。

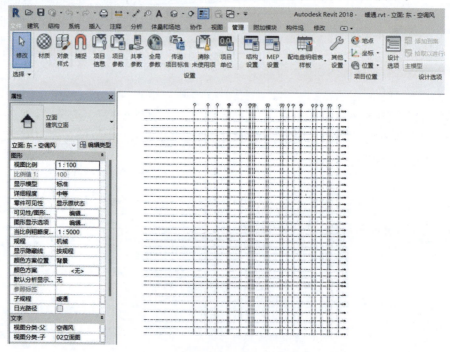

图 1-3-12　复制完成的轴网和标高

【课后任务】

一、单选题

1. 在链接模型时,主体项目是公制,链接模型是英制,下列正确的是( )。

A. 把公制改成英制再链接　　　　B. 把英制改成公制再链接

C. 不用改就可以链接　　　　　　D. 不能链接

2. 在链接模型的过程中最常用的定位方式为( )。

A. 自动-原点到原点　　　　　　B. 自动-中心到中心

C. 自动共享坐标　　　　　　　　D. 手动-原点到原点

3. Revit 软件复制轴标。打开( ),找到功能区"协作",然后单击"复制监视"→"选择链接",在选择链接模型中的轴网进行多个复制,单击小图标完成复制,确定后再单击大图标完成协作。

A. 平面视图　　　B. 立面视图　　　C. 剖面视图　　　D. 三维视图

二、多选题

1. 协同绘图的主要方式是( )。

A. 使用链接　　　　　　　　　　B. 通过拷贝

C. 工作集方式　　　　　　　　　D. 多专业在同一文件中依次绘图

E. 云端共享

2. 链接建筑模型时,在设置定位方式中,自动放置的选项包括( )。

A. 原点到原点　　　B. 中心到中心　　　C. 按共享坐标　　　D. 按默认坐标

三、判断题

1. 标高由标头和标高线组成。　　　　　　　　　　　　　　　　　( )

2. 标高族,实例参数"立面"和"名称"分别对应标高对象的高度值和标高名称。( )

3. 标高用于反映建筑构件在高度方向上的定位情况。　　　　　　　( )

4. 轴网用于反映平面上建筑构件的定位情况。　　　　　　　　　　( )

任务 4　创建视图平面

【任务信息】

Revit 中所有的模型都需要基于平面进行创建,通常暖通专业模型是基于楼层平面进行创建的。在任务 3 中,已完成了暖通项目的标高创建。此时,模型中没有楼层平面,需要根据标高创建项目中所需要的楼层平面。

本次任务为:新建楼层平面-3F、3F、4F、屋面层、设备夹层。

【任务分析】

根据标高-3F、3F、4F、屋面层、设备夹层创建相应的楼层平面。

【任务实施】

根据任务 3 中创建的标高来创建项目中所需要的视图平面。

①新建楼层平面：选择"视图"→"平面视图"→"楼层平面"，如图 1-4-1 所示。配合"Ctrl"键在打开的"新建楼层平面"对话框中选择需要创建平面视图的楼层，如"-3F"和"3F"，单击"确定"按钮，如图 1-4-2 所示。

图 1-4-1　新建楼层平面命令

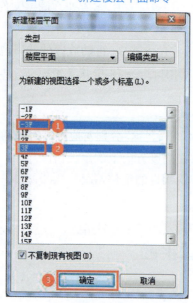

图 1-4-2　新建 3F、-3F 层平面

②应用视图样板：将视图切换到新建的楼层平面，在"属性"对话框中"视图样板"一栏，选中"机械平面"，打开"指定视图样板"对话框，选择需要的视图样板。注意：新创建的楼层平面出现在项目浏览器"？？？"目录下，如图 1-4-3 所示。

③设置视图名称：在"属性"对话框中"视图名称"一栏，输入需要的视图名称。

④创建项目所需的所有视图：按照上述方法依次创建-3F、3F、4F、屋面层、设备夹层空调风平面图。复制"楼层平面:3F-空调通风及防排烟平面图"，创建"楼层平面:3F-空调水平面图"，如图 1-4-4 所示。

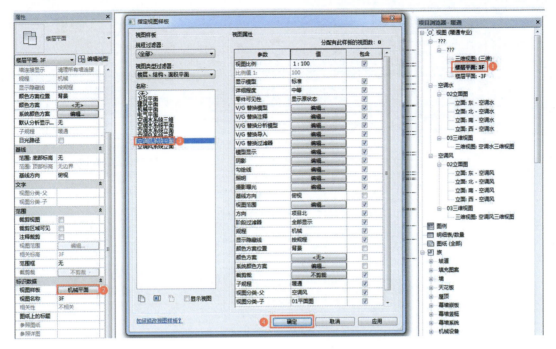

图 1-4-3　应用视图样板

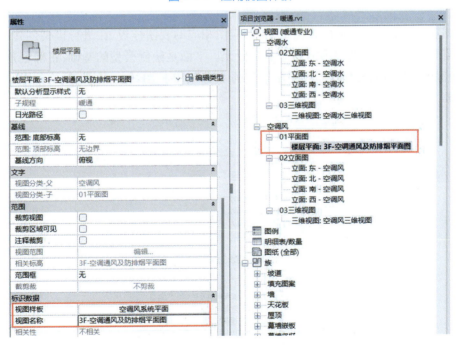

图 1-4-4　创建所需的视图

⑤锁定轴线、标高:在开始绘制模型前,为了避免误操作移动轴线和标高,可锁定轴网和标高。选中所有的轴线,选择"修改"→"锁定"即可锁定所有的轴线。切换到立面视图,用同样的方法锁定标高,如图 1-4-5 所示。

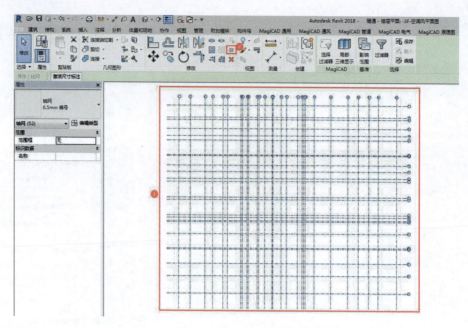

图 1-4-5　锁定轴网

【任务总结】

　　根据项目需要创建不同的视图平面,并应用相应的视图样板,在进行模型创建时,能根据实际需要隐藏在该视图中不需要显示的图元。平面是绘制模型的基础,正确创建视图平面,才能保证在后续直接使用本项目中绘制的模型出图时,图纸中呈现的内容能满足实际工程的需要,如图 1-4-6 所示。

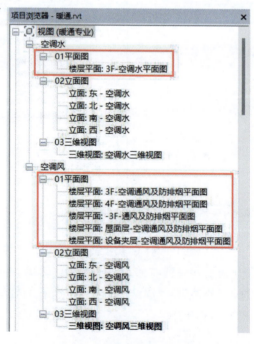

图 1-4-6　创建完成的平面视图

【课后任务】

一、单选题

1. 使用图元的唯一标识符来查找选择当前视图中的图元,可以单击"管理"选项卡中的(　　)。

A. 按 ID 选择　　　B. 高级查找　　　C. 选择对象　　　D. 选择项的 ID

2. 新建视图样板时,默认的视图比例是(　　)。

A. 1∶50　　　　　B. 1∶100　　　　　C. 1∶1 000　　　　D. 1∶10

3. 添加标高时,默认情况下(　　)。

A. "创建平面视图"处于选中状态

B. "平面视图类型"中天花板平面处于选中状态

C. "平面视图类型"中楼层平面处于选中状态

D. 以上说法均正确

二、多选题

1. 用"标记所有未标记"命令为平面视图中的家具一次性添加标记,但所需的标记未出现,原因不可能是(　　)。

A. 不能为家具添加标记　　　　　B. 未载入家具标记

C. 只能一个一个地添加标记　　　　D. 标记必须和家具构件一同载入

2. 将明细表添加到图纸中的方法错误的是(　　)。

A. 图纸视图下,在设计栏"基本-明细表/数量"中创建明细表后单击放置

B. 图纸视图下,在设计栏"视图-明细表/数量"中创建明细表后单击放置

C. 图纸视图下,在"视图"下拉菜单中"新建-明细表/数量"中创建明细表后单击放置

D. 图纸视图下,从项目浏览器中将明细表拖曳到图纸中,单击放置

3. 当改变视图的比例时,以下对填充图案的说法错误的是(　　)。

A. 模型填充图案的比例会相应改变

B. 绘图填充图案的比例会相应改变

C. 模型填充图案和绘图填充图案的比例都会改变

D. 模型填充图案和绘图填充图案的比例都不会改变

三、判断题

1. "平面区域"命令的作用是在视图范围与整体视图不同的楼层或天花板平面视图内定义区域。　　　　　　　　　　　　　　　　　　　　　　　　　　　　(　　)

2. 将明细表添加到图纸中的方法只有在图纸视图下,在设计栏"基本-明细表/数量"中创建明细表后单击放置。　　　　　　　　　　　　　　　　　　　　　　　(　　)

3. 在项目浏览器中选择了多个视图并单击鼠标右键,则可以同时对所有所选视图进行应用视图样板、删除及修改视图属性的操作。　　　　　　　　　　　　　(　　)

<table>
<tr><td>任务 5</td><td>创建通风系统</td></tr>
</table>

【任务信息】

本项目以"某办公楼暖通设计"案例项目中地下室负三层排风兼排烟系统"P(Y)-B3-01"为例,讲解通风系统模型的绘制方法。"P(Y)-B3-01"主要承担地下室负三层防烟分区 B3-FC02-01 的平时通风及消防排烟,共 12 个风口。排烟风机放置在负三层防烟分区 B3-FC02-01 排风机房内。

本次任务为:创建地下室负三层编号为"P(Y)-B3-01"的排风兼排烟系统模型。

【任务分析】

"P(Y)-B3-01"系统中包括风机、风管、风口、阀门。将风机安装在风机房内,风机和风管都采用吊装,风管顶部贴梁底安装,一般距离梁底 100 mm,梁高查看结构模型或结构 CAD 图纸,层高为 3 600 mm,综合分析后风管偏移量设置为 2 650 mm。

【任务实施】

1)导入 CAD 底图

在绘制模型前,首先要将 CAD 底图导入 Revit 中。具体操作步骤如下:

①导入 CAD 底图:将"负三层通风及防排烟平面图"在天正暖通中导出为"t3"格式的 CAD 底图。

②在 Revit 中导入 CAD 底图:选择"插入"→"导入 CAD",如图 1-5-1 所示。在打开的"导入 CAD 格式"对话框中找到"负三层通风及防排烟平面图",选中后将"导入单位"设置为"毫米"、"放置于"设置为"-3F-通风及防排烟平面图",然后单击"打开"按钮,如图 1-5-2 所示。

图 1-5-1　导入 CAD 命令

③移动 CAD 底图:把 CAD 图导入 Revit 中后,默认为"锁定"状态,选中 CAD 底图,选择"修改"菜单中的"解锁"命令解锁 CAD 底图,通过"对齐"命令,将 CAD 中的"1 轴""T 轴"与 Revit 中的"1 轴"和"T 轴"对齐。CAD 底图移动完成后,选中 CAD 底图,将其锁定,如图 1-5-3 所示。

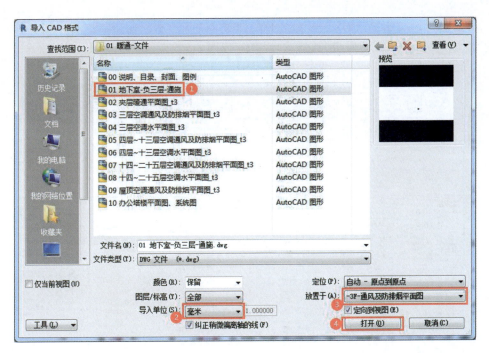

图 1-5-2　导入"负三层-通施"

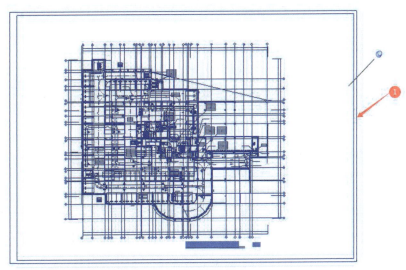

图 1-5-3　锁定底图

2）布置风机

调整好 CAD 底图位置并锁定后就可以开始绘制模型。

①载入风机族:选择"插入"→"载入族",如图 1-5-4 所示。在"机电/通风除尘"目录下找到"混流风机",将"混流风机"族载入项目中,如图 1-5-5 所示。

图 1-5-4　"载入族"命令

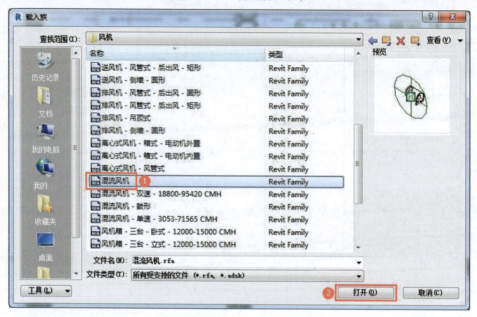

图 1-5-5　载入"混流风机"族

②新建风机类型:选择"系统"→"机械设备",如图 1-5-6 所示。在混流风机"属性"对话框中选择"编辑类型",打开"类型属性"对话框,选择"复制",在打开的"名称"对话框中输入"32000 CMH"后,单击"确定"按钮,如图 1-5-7 所示。返回到"类型属性"对话框中修改"风机长度"和"风机直径"两个参数后,单击"确定"按钮,完成风机类型"32000 CMH"的创建,如图 1-5-8 所示。

图 1-5-6　机械设备命令

③布置风机:创建完成混流风机"32000 CMH"后,在操作界面可以看到新建的风机,移动鼠标把风机放置在与 CAD 图中相对应的位置后,单击鼠标左键,完成风机的布置,如图 1-5-9 所示。

图 1-5-7　新建混流风机

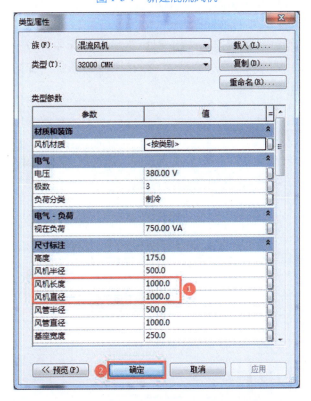

图 1-5-8　修改风机参数

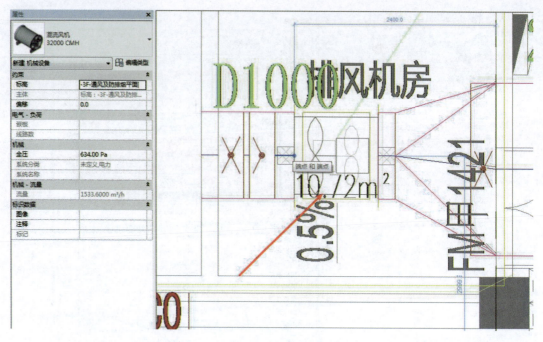

图 1-5-9　布置风机

3) 绘制风管

布置好风机后,就可以开始绘制排风(烟)管。

①绘制风机与风井连接处的风管:选中风机,把鼠标放在风机左侧的"创建风管"图标处,单击鼠标左键开始绘制风管到排风井相交处,再单击鼠标左键,按"Esc"键结束命令,如图 1-5-10 所示。注意绘制的风管系统类型为"N−排风(烟)系统",如图 1-5-11 所示。

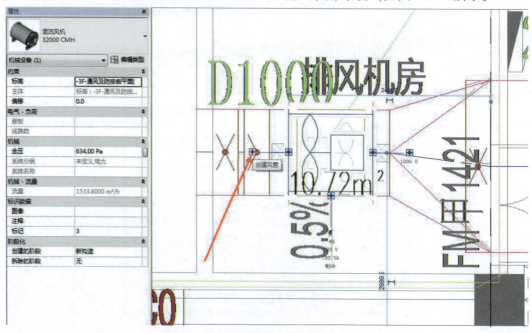

图 1-5-10　绘制风机出口处的风管

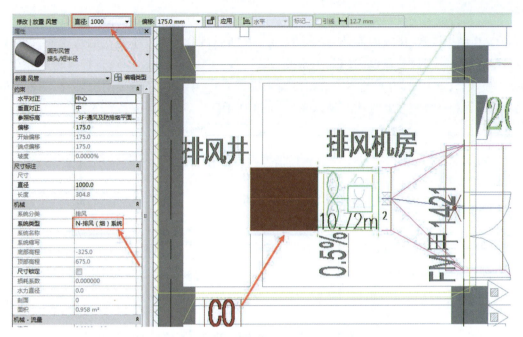

图 1-5-11　风机出口处的风管参数

②绘制出风机房处的风管:选中风机,把鼠标放在风机右侧的"创建风管"图标处,向前绘制一段圆形风管后单击鼠标左键,先将鼠标移至"属性"对话框中,再将风管类型修改为"矩形风管:半径弯头/T 形三通",调整风管尺寸为"宽度:2 000.0""高度:500.0",移动鼠标回到原风管绘制路径,继续向前绘制矩形风管,圆形风管与矩形风管之间将自动生成天圆地方。单击鼠标左键,结束命令。

③调整风管偏移量:选中矩形风管,将偏移量修改为 2 650.0 mm,圆形风管和风机的偏移量会自动修改,如图 1-5-12 所示。

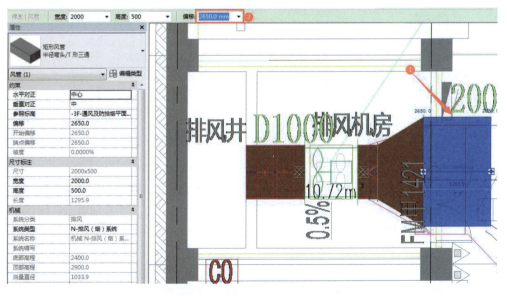

图 1-5-12　调整风管偏移量

④绘制排烟系统其他水平风管:沿着 CAD 中风管的中心线绘制其他水平风管,风管尺寸与 CAD 图中一致,风管偏移量为 2 650 mm。在遇到风管尺寸发生变化的位置处,单击鼠标左键完成上一段风管绘制(注意,不要按"Esc"键结束风管绘制命令),直接移动鼠标至菜单栏中修改风管尺寸,再回到模型绘制界面中沿着 CAD 中的路径继续绘制风管,两种不同尺寸的风管相连处将自动生成变径,如图 1-5-13 所示。

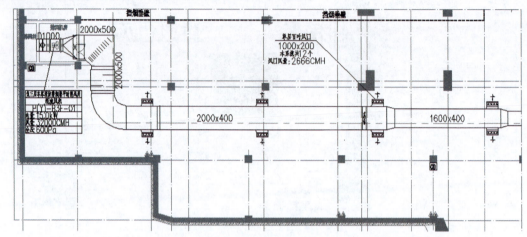

图 1-5-13　水平排烟风管

⑤绘制弯头:选择"修改"→"修剪/延伸为角",如图 1-5-14 所示。依次选择出风机房处的水平风管和竖向风管,将自动生成弯头。重复"修剪/延伸为角"命令,完成竖直方向与另一段水平风管弯头的绘制(注意:若操作界面的右下角出现"错误"提示框,提示"没有足够的空间放置所需管件",单击提示框中的"取消",选择竖直方向的风管,将其向右移动一段距离,如 1 000 mm 后,再用"修剪/延伸为角"命令,即可生成弯头),如图 1-5-15 所示。

图 1-5-14　"修剪/延伸为角"命令

⑥修改弯头类型:选中出风机房处风管的弯头,在"属性"对话框中"矩形弯头"下拉菜单中选择"矩形弯头-法兰",完成弯头类型的修改。若菜单中没有"矩形弯头-法兰",载入族后再重复以上操作,如图 1-5-16 所示。

⑦绘制三通:选择"修改"→"修剪/延伸单个单元",如图 1-5-17 所示。依次选择⑰～⑱轴间的竖向风管和水平风管。自动生成的三通类型为布管系统中设置的形式"矩形 T 形三通-斜接-法兰:标准",如图 1-5-18 所示,需要对三通的形式进行修改。载入管件族"矩形 Y 形三通-弯曲-过渡件-法兰",选择模型中的三通,如图 1-5-19 所示。在"属性"对话框中"矩形弯头"下拉菜单中选择"矩形 Y 形三通-弯曲-过渡件-法兰",完成三通类型的修改,如图 1-5-20 所示。

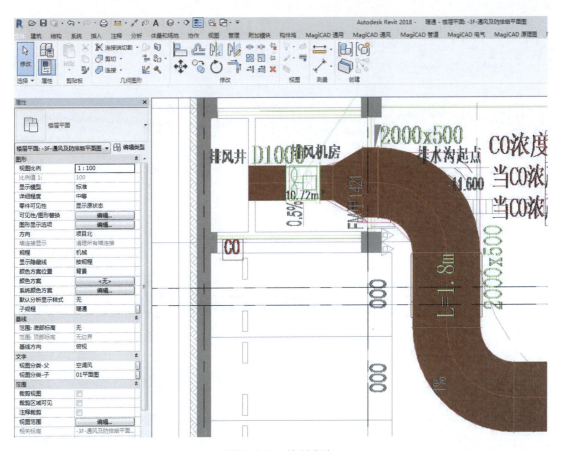

图 1-5-15　绘制弯头

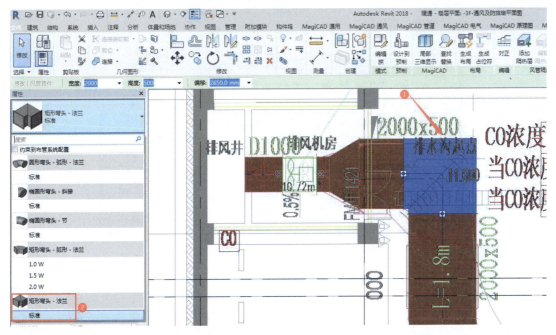

图 1-5-16　修改弯头类型

图 1-5-17　"修剪/延伸单个单元"命令

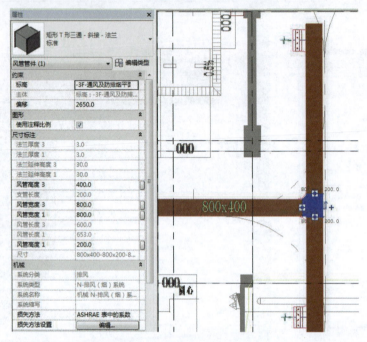

图 1-5-18　自动生成的三通类型

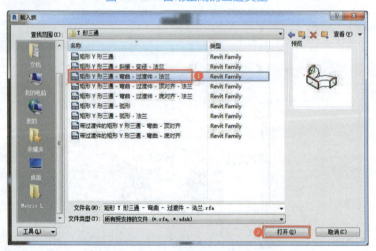

图 1-5-19　载入三通族

⑧绘制与风口连接的支管:按照 CAD 底图中的路径绘制③轴处主风管上方的支管,绘制完成后,选择支管,在"属性"对话框中将其类型修改为"矩形风管:半径弯头/接头"。选择"修改"→"修剪/延伸单个单元",依次选择主风管、支管,支管与主风管自动连接。重复上述操作,完成主风管下方支管、矩形接头的绘制,如图 1-5-21 所示。

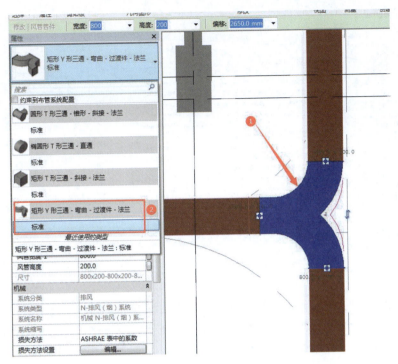

图 1-5-20　修改三通类型

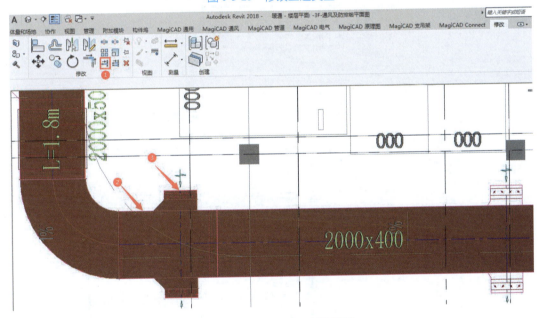

图 1-5-21　支管与主风管的连接

4）布置风口

与风口连接的支管绘制完成后，即可布置风口。

①载入风口族：在族文件中"机电/风管附件/风口"目录下找到"排风口-矩形-单层-可调-侧装"族，并载入项目中，若族文件中没有此族，可在网上自行下载，如图 1-5-22 所示。

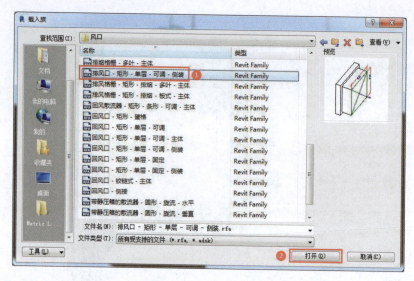

图 1-5-22　载入风口族

②新建风口类型：新建风口末端，如图 1-5-23 所示。将排风口族载入项目后，根据标准排风口族要求，新建"1 000×200"，具体操作步骤与新建风机类型相同，在"类型属性"对话框中将"风管宽度""风管高度"分别修改为"1 000、200"，如图 1-5-24 所示。

图 1-5-23　风道末端命令

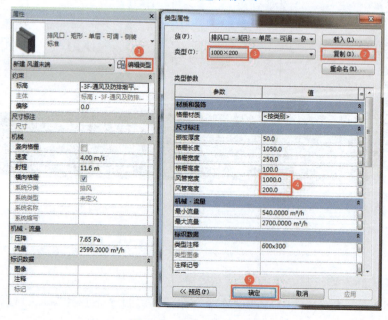

图 1-5-24　新建风口类型

③布置风口：创建完成"1 000×200"风口后，就可以进行风口布置，将风口移至主风管上方支管附近，单击菜单栏中的"风道末端安装到风管上"，然后把风口移至与支管中心处，单击鼠标左键，完成风口的布置。用同样的操作，布置主风管下方支管处的风口，如图 1-5-25 所示。

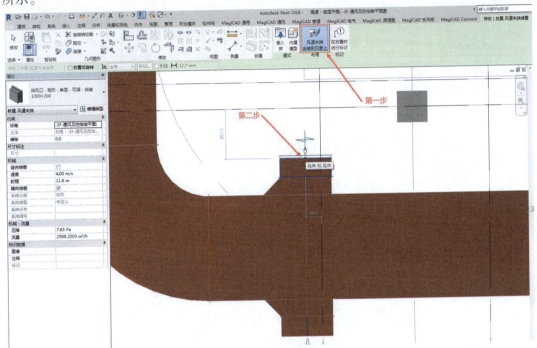

图 1-5-25　布置风口

④绘制其他支管及风口：重复 3）绘制风管的操作及 4）布置风口中第③步操作，完成其他支管及风口的绘制。

5）布置阀门

完成风管和风口的绘制后，即可进行阀门布置，以布置 280 ℃防火阀为例，讲解布置阀门的具体操作步骤。

①载入 280 ℃防火阀族：在族文件"机电/风管附件/风阀"目录中找到 280 ℃防火阀族，载入"280 ℃常开防火阀（矩形）"和"280 ℃圆形防火阀"。如果族文件中没有，可在网上自行下载，如图 1-5-26 所示。

②布置 280 ℃矩形防火阀：选择"系统"→"风管附件"，如图 1-5-27 所示。在"属性"对话框中选择"280 ℃常开防火阀（矩形）"，将鼠标移至 CAD 图中布置 280 ℃防火阀处，单击鼠标左键，280 ℃防火阀自动布置在风管上，如图 1-5-28 所示。

③按照上述操作布置其他阀门，完成地下室负三层排风兼排烟系统"P（Y）-B3-01"模型的创建。

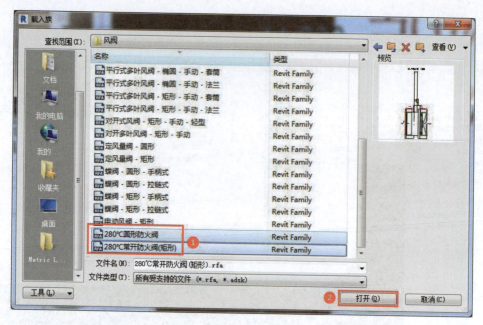

图 1-5-26　载入阀门族

图 1-5-27　风管附件命令

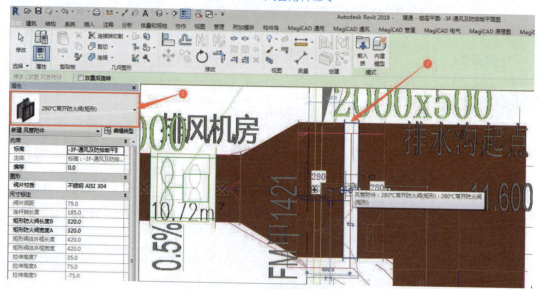

图 1-5-28　布置阀门

【任务总结】

本任务中其他排风兼排烟系统的创建方法与"P（Y）-B3-01"的创建方法相同。排风系统、平时排风兼事故后排风模型在绘制时，风机的布置、水平风管的绘制、阀门的布置等与本任务中创建"P（Y）-B3-01"系统的方法相同，如果风口形式不同，可参考后续任务 7 和任务 8 中涉及的内容，如图 1-5-29 所示。

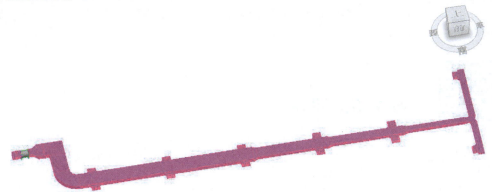

图 1-5-29　"P（Y）-B3-01"系统模型

【课后任务】

一、单选题

1. 暖通专业建模中风管距离下方管道至少（　　　）。

A. 50 mm　　　　　　　B. 100 mm　　　　　　C. 150 mm　　　　　　D. 200 mm

2. 对风管系统的创建与管理，下列说法错误的是（　　　）。

A. 底部高程是指风管底面与参照标高平面之间的距离

B. 顶部高程是指风管顶面与参照标高平面之间的距离

C. 当限制条件中的垂直对正为"底"时，偏移量是指风管中心线与参照标高平面之间的距离

D. 如果系统中没有所需的风管尺寸，可以创建、添加自定义的风管尺寸

3. 暖通专业建模中不可自动添加的是（　　　）。

A. 风管支架　　　　　　　　　　　　B. 风管 T 型三通

C. 风管弯头　　　　　　　　　　　　D. 风管接头

二、多选题

1. 下列管线综合一般避让原则说法正确的是（　　　）。

A. 小管让大管　　　　　　　　　　　B. 利用梁间空隙

C. 风管水管交叉处，应风管上翻　　　D. 自流管道应优先布置

E. 单根管道避让成排多根管道

2. 在 Revit 创建椭圆形风管时，风管选项栏可以设置的参数有（　　　）。

A. 标高　　　　　　B. 偏移　　　　　　C. 直径　　　　　　D. 宽度　　　　　　E. 高度

3.《建筑信息模型设计交付标准》(GB/T 51301—2018)中,将暖通通风系统分为( )。

    A. 机械排风系统   B. 机械送风系统   C. 防排烟系统   D. 排油烟系统

三、判断题

1. 风管命令能绘制矩形刚性风管,软风管能绘制圆形和椭圆形软风管。   ( )

2. 风管命令能绘制矩形、圆形和椭圆形刚性风管,软风管能绘制圆形和矩形软风管。

                                                           ( )

3. 在创建风管系统中,有时会绘制参照平面帮助建模,可以使用"扩散范围"命令给参照平面命名。   ( )

任务 6   创建防烟系统

【任务信息】

以"JY-JC-QS-04"为例,讲解防烟系统的创建方法。"JY-JC-QS-04"主要负担 3 ~ 25 层 S04 号防烟楼梯间前室的加压送风,风机放置在设备夹层机房内,3 ~ 25 层每一层的防烟楼梯间前室均设置有加压送风口。

本次任务为:创建编号为"JY-JC-QS-04"防烟系统模型。

【任务分析】

"JY-JC-QS-04"系统中包括风机、风管、风口和阀门。风机安装在设备夹层风机房内,风机和风管都采用落地安装,风机一般安装在结构基础上,基础高度 150 mm,综合分析后风管偏移量设置为 900 mm。3 ~ 25 层每一层的加压送风口底部距地 300 mm,风口通过支管与立管相连接,支管的偏移量设置为 800 mm。

【任务实施】

创建防烟系统"JY-JC-QS-04"的操作步骤如下:

①导入 CAD 底图:将 CAD 底图"夹层暖通平面图"导入楼层平面"设备夹层-空调通风及防排烟平面图",如图 1-6-1 所示。具体操作步骤同任务 5。

②布置风机:加压送风机的布置方法同任务 5,载入族"轴流风机"后,如图 1-6-2 所示。创建风机类型"41590 CMH",将风机布置在 CAD 底图中相对应的位置,如图 1-6-3 所示。

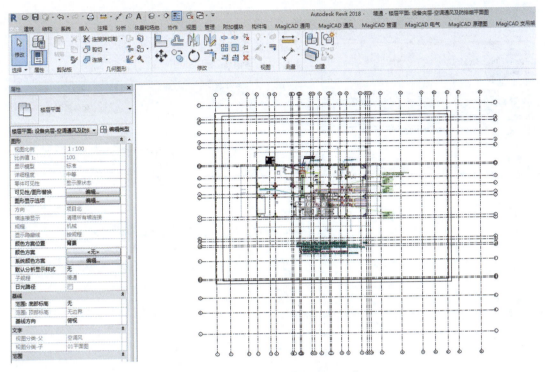

图 1-6-1   导入"夹层暖通平面图"

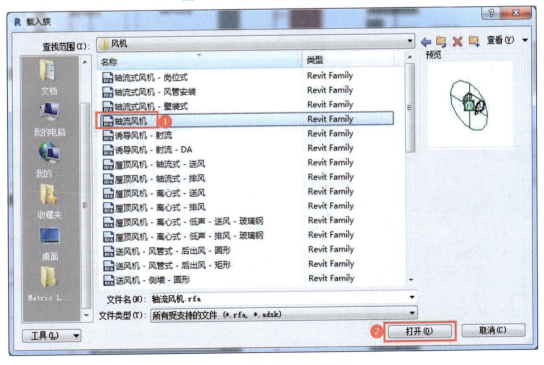

图 1-6-2   载入"轴流风机"族

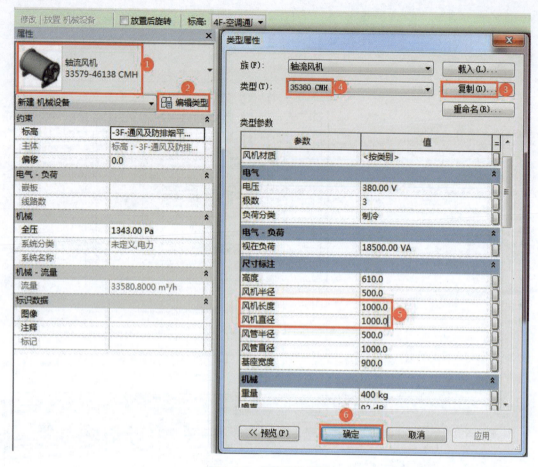

图 1-6-3　新建风机类型

③绘制夹层水平风管：绘制夹层加压送风系统水平风管的方法同任务 5。风管的系统类型为"N-加压送风系统"，将风管的偏移量设为 900 mm，如图 1-6-4 所示。

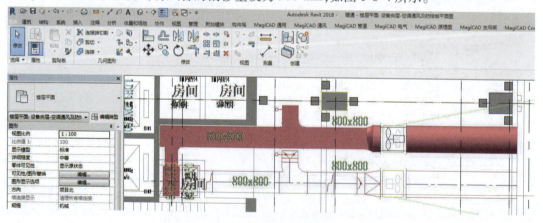

图 1-6-4　绘制水平风管

④绘制加压送风管立管：选择"系统"→"风管"，系统类型为"N-加压送风系统"，设置立管尺寸为：宽度 600 mm、高度 1 050 mm，立管起点偏移量为"0 mm"，如图 1-6-5 所示。设置完后在 CAD 图中立管中心的位置单击鼠标左键，将鼠标移到菜单栏中，修改终点偏移量为

"82 900 mm"，双击"应用"，完成立管的绘制。绘制的立管方向与 CAD 图中不一致时，通过"旋转"命令，将立管旋转至与 CAD 图中一致，如图 1-6-6 和图 1-6-7 所示。

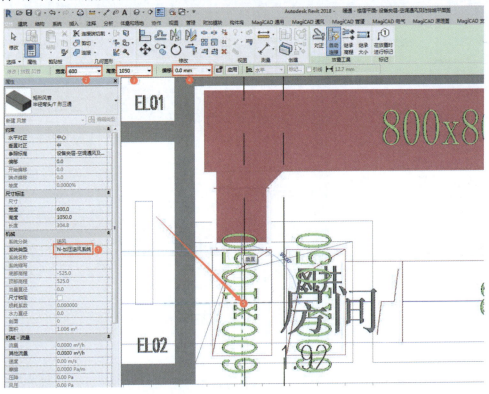

图 1-6-5　绘制风管立管步骤 1

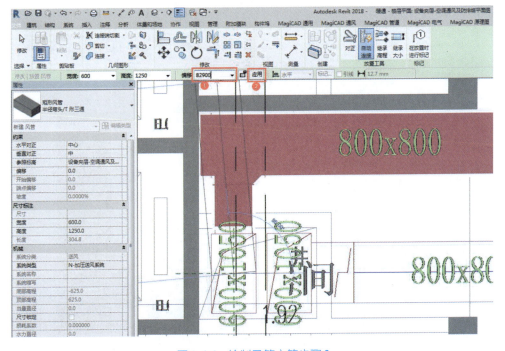

图 1-6-6　绘制风管立管步骤 2

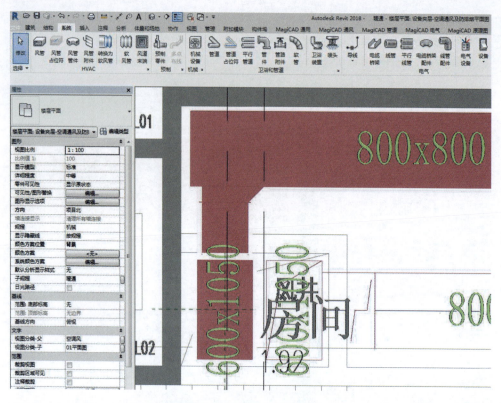

图 1-6-7　调整立管方向

⑤立管与水平管的连接：切换到三维视图，将视图方向调整为"右"，通过"修剪/延伸单个单元"命令可连接立管与水平风管。注意顺序为：先选择立管，再选择水平风管，如图1-6-8所示。

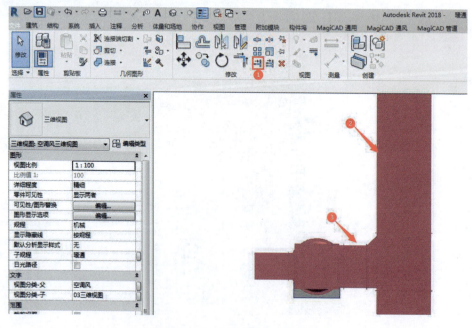

图 1-6-8　连接立管与水平管

⑥布置三层加压送风口：切换到"楼层平面：3F-空调通风及防排烟平面图"，导入 CAD 底图"三层空调通风及防排烟平面图"，如图 1-6-9 所示。可在网上自行下载族"常闭加压送风口"，并载入项目中，如图 1-6-10 所示。创建类型"500×（1 000+250）"，将风口布置在中心线与立管中心线在同一条直线的位置，如图 1-6-11 所示。

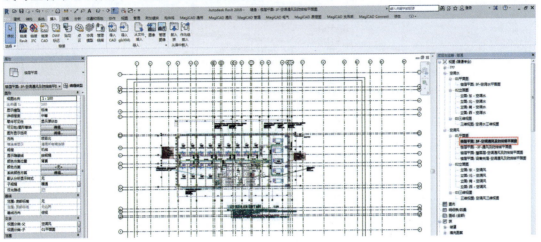

图 1-6-9 　导入 CAD 底图

图 1-6-10 　载入"常闭加压送风口"族

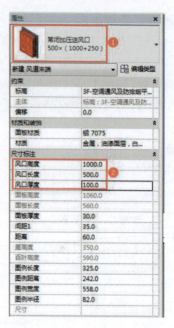

图 1-6-11　新建风口类型

⑦连接风口与立管：选中风口，将鼠标放在"创建风管"图标处，单击鼠标左键向立管方向绘制一段支管，选中支管，如图 1-6-12 所示，将偏移量修改为 800 mm 后切换到三维视图，在三维视图中通过"修剪/延伸单个单元"命令，连接支管与立管，如图 1-6-13 所示。

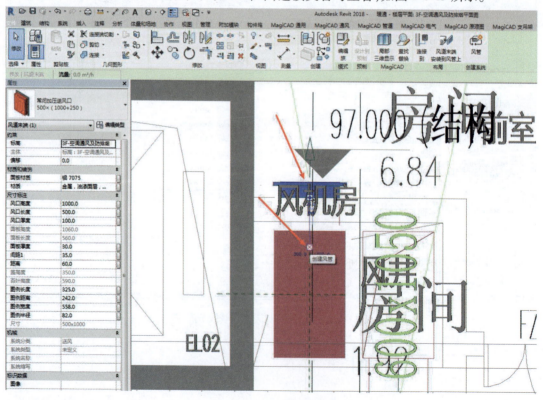

图 1-6-12　绘制风口处支管

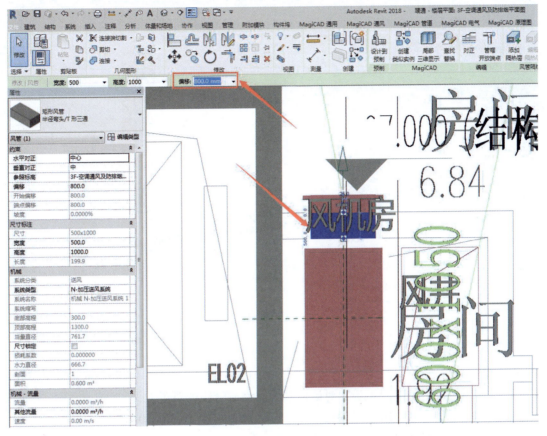

图 1-6-13　修改支管偏移量

⑧连接该系统其他风口：按照步骤⑦中的操作方法，布置该系统其他楼层的风口。

⑨布置阀门：按照任务 5 中的操作方法，布置阀门。完成防烟系统"JY-JC-QS-04"模型的创建。

【任务总结】

本任务中其他防烟系统模型的创建方法与"JY-JC-QS-04"的创建方法相同。其中需要注意的是，楼梯间的加压送风系统，风口为常开的单层百叶风口，在布置风口时，注意选择正确的族。因楼梯间的加压送风口为隔一层设置一个，需要认真查看图纸中关于楼梯间加压送风口的数量和位置描述，如图 1-6-14 所示。

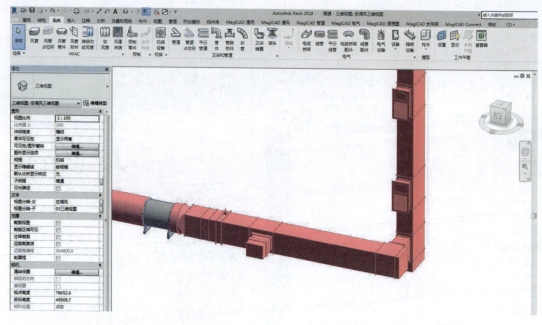

图 1-6-14　"JY-JC-QS-04"系统模型

【课后任务】

一、单选题

1. 绘制风管时,打开"对正设置对话框",可以修改管线的对正方式的是( )。

　A. 水平对正　　　　　B. 水平偏移　　　　　C. 垂直对正　　　　　D. 以上全有

2. 关于管线的综合操作,下列说法不正确的是( )。

　A. 确定各类管线的大概标高和位置

　B. 调整桥架、水管主管和风管的平面图位置以便综合考虑

　C. 根据局部管线冲突的情况对管线进行调整

　D. 对各类型管线进行建模

3. 在创建风管系统中,有时会绘制参照平面帮助建模,给参照平面命名的方法为( )。

　A. 使用"扩散范围"命令　　　　　　B. 直接单击参照平面在屏幕上设置

　C. 在参照平面的"图元属性"中设置　　D. 以上做法都不对

二、多选题

1. 下列管件类型可以在绘制排烟管时自动添加到防烟管中的有( )。

　A. T 型三通　　　　　　　B. 支吊架　　　　　　　C. 弯头

　D. 接头　　　　　　　　　E. 以上都是

2. Revit 中显示管底标高的方式有( )。

　A. 实际高程　　　　　　　B. 顶部高程　　　　　　　C. 底部高程

　D. 顶部和底部高程　　　　E. 管中心高程

3．风管中心处坡度值的表现形式有(　　)。

A．坡高/坡长　　　　　　　　　　B．角度　　　　　　　　　　C．坡度的百分比

D．比率　　　　　　　　　　　　　E．坡长/坡高

三、判断题

1．创建防烟系统时,由于排烟系统和排风系统相近,所以用排风系统代替防烟系统。操作:点击排风系统→右键复制→出现排风系统 2→重命名改为防烟。　　　　　　(　　)

2．在创建风管模型时,若连续绘制相同类型的风管,可用快捷键"CS"。　　　(　　)

3．单击"系统"选项卡→"HVAC"面板→"机械设置",在弹出的"机械设置"对话框中,可以进行"风管设置"。　　　　　　　　　　　　　　　　　　　　　　　(　　)

任务 7　创建空调送、回风系统

【任务信息】

以 3 层为例讲解风机盘管、送(回)风管、送(回)风口的绘制。4~13 层的风机盘管布置相同,3 层与 4~13 层略有差异。

本次任务为:创建 3~13 层空调送、回风系统。

【任务分析】

风机盘管为末端空调处理设备,风机盘管安装方式为吊装,一般尽量吊装在梁窝中,避免吊装在梁下。健身房内,风机盘管出风口处接空调送风管,空调送风管偏移量设置为 3 000 mm,送风口安装在送风管底部;进风口处接空调回风管,回风口安装在回风管底部。办公室内,风机盘管空调送风口与办公室的新风口送风方式一致,均为侧送,空调送风管的偏移量与新风管偏移量一致,均为 2 550 mm。

【任务实施】

创建 3 层风机盘管送、回风系统的方法,具体步骤如下:

①布置风机盘管、绘制空调风管:载入风机盘管族"卧式安装-双管式-背部回风-左(右)接",如图 1-7-1 所示。首先布置健身房内的风机盘管,选择风机盘管类型"卧式暗装-双管式-背部回风-左接-8 000W",将其布置在Ⓝ~②⑩轴处,如图 1-7-2 所示。

②绘制空调送、回风管:选中风机盘管,单击"创建风管"图标绘制空调送风管,使用默认尺寸向前绘制一段距离后,将尺寸切换为 CAD 图中所示的"1 200×120",空调送风管系统类型为"N-空调送风管",如图 1-7-2 所示。用同样的操作绘制回风管,回风管的系统类型为"N-空调回风管",回风管在绘制过程中不需要切换尺寸。空调风管绘制完后,选择空调送风管,修改偏移量为 3 000 mm,如图 1-7-3 所示。

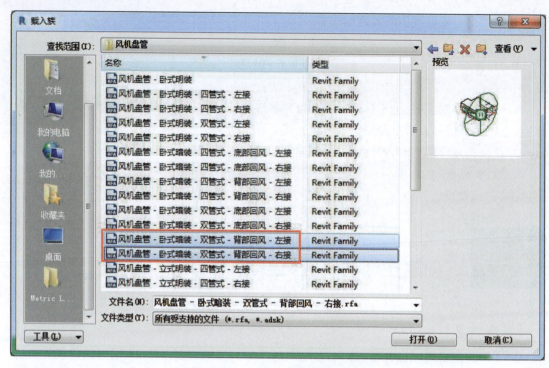

图 1-7-1　载入风机盘管族

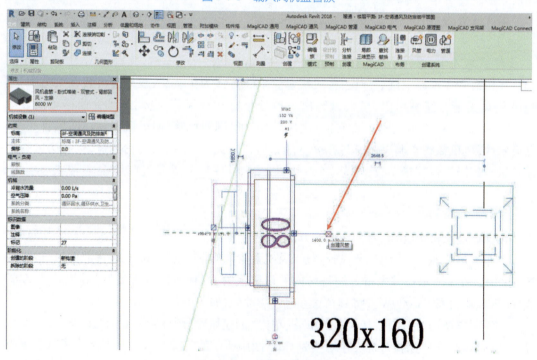

图 1-7-2　绘制空调送风管

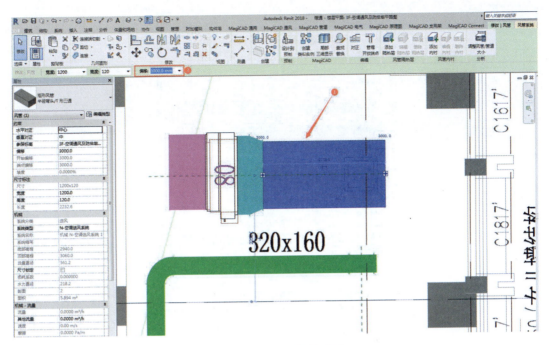

图 1-7-3　修改风管偏移量

③布置空调送风口-散流器：载入族"散流器"，选择类型"散流器-方形-480×480"，默认偏移量为 0 mm，布置散流器时，不选择菜单栏中的"风道末端安装在风管上"，将风口布置在图 CAD 中所示的位置。注意，风口中心应与风管中心线平齐。散流器自动连接至空调送风管，将散流器偏移量修改为 2 600 mm，如图 1-7-4 所示。

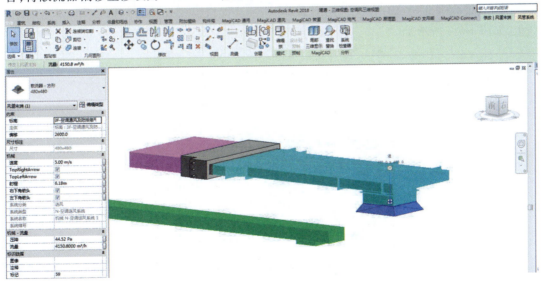

图 1-7-4　空调送风口-散流器

④布置空调回风口：载入族"回风口-矩形-单层-固定"，新建回风口类型"回风口-矩形-单层-固定-1 000×300"，其他操作步骤同任务 7 中的步骤⑨，如图 1-7-5 所示。

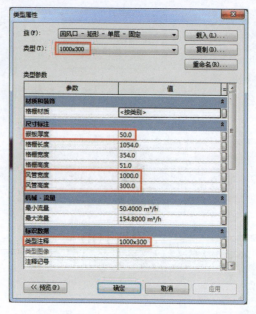

图 1-7-5　新建回风口类型

　　⑤布置办公室风机盘管：办公室风机盘管的布置、空调送（回）管的绘制、回风口的布置方法参照步骤①、②、④中的操作。办公室风机盘管的类型为"卧式安装-双管式-背部回风-左接-6 880W"，回风口尺寸为"800×300"。空调送风管使用默认尺寸：1 250 mm×120 mm，向前绘制 200 mm，偏移量为 2 550 mm。

　　⑥布置办公室空调送风口：与布置新风口的方法相同。空调送风口的类型为"送风口-矩形-单层-可调-侧装-1 250×120"，如图 1-7-6 所示。风机盘管送风口与新风口在同一水平线上，如图 1-7-7 所示。

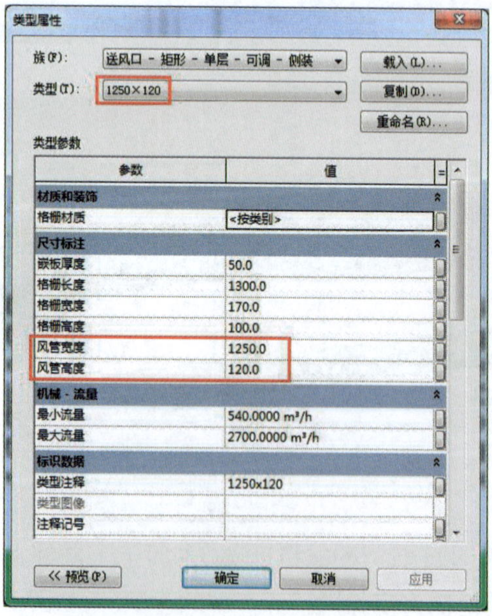

图 1-7-6　新建送风口类型

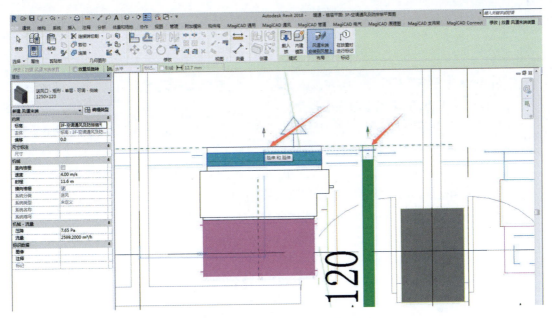

图 1-7-7　布置办公室空调送风口

　　⑦布置 4 层风机盘管及新风口：4 层空调风平面图与 3 层略有差异，按照步骤⑤和步骤⑥的操作完成风机盘管、空调送（回）风口、新风口的布置。

　　⑧绘制其他楼层风机盘管及新风口：5～13 层的空调风平面图与 4 层相同。按照步骤⑦完成该系统 5～13 层风机盘管和风口的布置。

【任务总结】

　　本任务中其他层空调送、回风系统的创建方法与 3～13 层相同。风机盘管的送风形式主要分为两类：一类为侧送，例如本项目中的办公室；另一类为顶送，例如三层健身房。在绘制侧送的风机盘管送风口时，需要注意送风口一定要与新风送风口在同一条直线上。此类送风形式在办公室、酒店中较为常见。在绘制模型前，可搜索酒店客房空调送风口形式，通过查看安装完成后的实物图，加深自己对送风口如何布置的理解，如图 1-7-8 所示。

图 1-7-8　3～13 层空调送、回风系统

【课后任务】

一、单选题

1. 在 Revit 中单击"风管"命令,在该风管属性中将系统类型设置为回风,单击机械设备的送风端口创建风管,创建风管的系统类型为(   )。

A. 回风　　　　　B. 送风　　　　　C. 回风、送风　　　　　D. 送风、回风

2. 日常所见的挂式空调机按照空气处理设备的集中程度分类属于(   )。

A. 集中式　　　　B. 局部式　　　　C. 半集中式　　　　D. 整体式

3. 商场、超市、展览馆等场所的室内空调系统,适用(   )。

A 全空气系统　　　B 空气-水系统　　　C 全水系统　　　　D 多联机系统

二、多选题

1. 一个典型的空调系统应由(   )组成。

A. 空调冷热源　　　　　　　　B. 空气处理设备

C. 空调风系统　　　　　　　　D. 空调水系统

E. 空调的自动控制与调节装置

2.《通风与空调工程施工质量验收规范》(GB 50243—2016)关于风管制作下列说法正确的是(   )。

A. 防火风管的本体、框架与固定材料、密封材料必须为不燃材料

B. 复合材料风管的覆面材料必须为不燃材料

C. 复合材料风管内部的绝热材料应为不燃或难燃 B1 级,且对人体无害的材料

D. 风管必须通过工艺性的检测或验证

E. 风管强度应能满足在 1.15 倍工作压力下接缝处无开裂

3. 金属风管与配件制作宜选用成熟的技术和工艺,采用(   )的机械加工方式。

A. 高效　　　　B. 低耗　　　　C. 工艺复杂　　　　D. 劳动强度低　　　　E. 传统

三、判断题

1. 风口不应直接安装在主风管上,风口与主风管之间不应通过短管连接。　　　　　　　　(   )

2. 空调送回风系统安装完毕投入使用前,必须进行系统的试运行与调试,包括设备单机试运行与调试、系统无生产负荷下的联合试运行与调试。　　　　　　　　(   )

3. 风管与设备相连处应设置长度为 150 ~ 300 mm 的柔性短管,柔性短管安装后应松紧适度,不应扭曲,并不应作为找正、找平的异径连接管。　　　　　　　　(   )

任务 8　创建空调水系统

【任务信息】

以 3 层空调水系统为例,讲解空调水系统的创建方法。4 ~ 13 层的空调水管布置相同,3

层健身房部分水管管径与 4～13 层略有差异。

本次任务为:创建 3～13 层空调水系统模型。

【任务分析】

3 层空调水系统包括空调冷冻水供水管、空调冷冻水回水管、空调冷凝水管。空调水管均吊装在走道或房间顶部风管下,通过综合分析,空调水管的偏移量应设置为 2 350 mm。其中,空调冷凝水管为带坡度的管道,从末端空调设备坡向排水点,坡度值为"0.5%"。

【任务实施】

1) 绘制空调冷冻水管

空调冷冻水管为无坡度的水管,水管绘制方法与风管绘制方法相同。

①绘制立管:将视图切换到"楼层平面:3F-空调水平面图",首先绘制空调水井内的冷冻水供和回水管。选择"系统"→"管道",如图 1-8-1 所示,在"属性"对话框中选择"管道类型-空调冷冻(却)水管",在"系统类型"栏中选择"空调冷冻水供水管",把管径设置为"250 mm",起点偏移量设置为"−24 350 mm",将鼠标放在 CAD 底图中冷冻水供水管立管中心点位置,单击鼠标左键,如图 1-8-2 所示,将鼠标移至"修改/放置管道"栏,修改管道终点偏移量为"49 000 mm",如图 1-8-3 所示。双击"应用",即可完成冷冻水供水管立管的绘制。用同样的方法绘制冷冻水回水管立管,系统类型选择为"空调冷冻水回水管",如图 1-8- 4 所示。

图 1-8-1 绘制管道命令

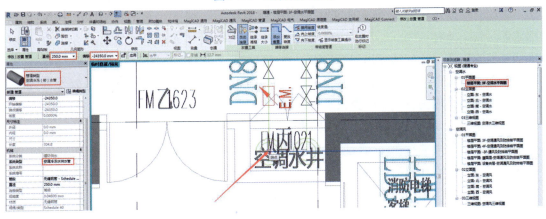

图 1-8-2 立管起点设置

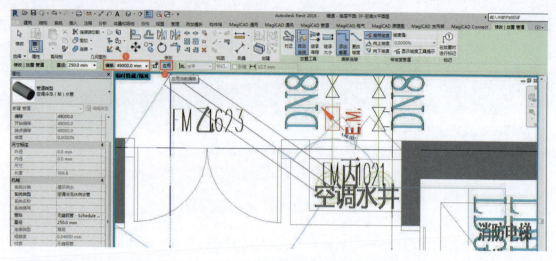

图 1-8-3　立管终点设置

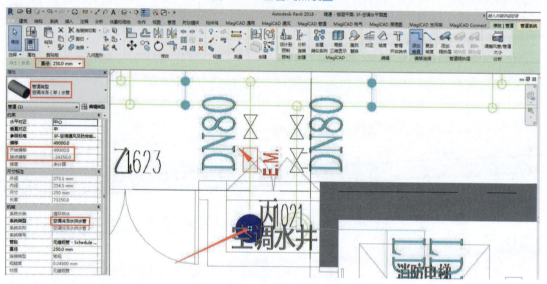

图 1-8-4　空调冷冻水供水立管

②绘制空调冷冻水供、回水水平干管：选择"系统"→"管道"，系统类型设置为"空调冷冻水回水管"，直径为 32 mm，偏移量为 2 350 mm，从空调冷冻水回水管的起点，沿 CAD 底图中的路径绘制水平管道，如图 1-8-5 所示。在管径发生变化处，单击鼠标左键，将鼠标移动至"修改/放置管道"栏中修改管径后，返回模型绘制界面，沿着原路径继续向前绘制管道，管道连接处将自动生成变径。空调冷冻水供水管的绘制方法与上述操作相同。按照 CAD 图中的路径和管径完成 3 层空调冷冻水管的绘制，如图 1-8-6 所示。

③连接水平干管与立管：通过"修剪/延伸单个单元"将水平干管与立管相连。选择"修剪/延伸单个单元"命令后依次选择立管、水平干管，完成操作，如图 1-8-7 所示。

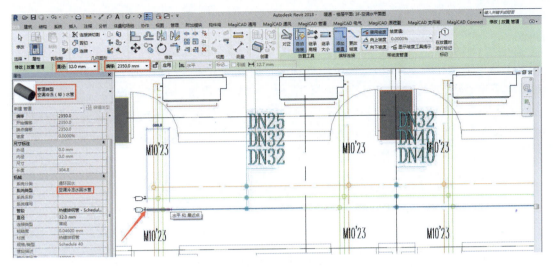

图 1-8-5 绘制空调冷冻水供、回水干管

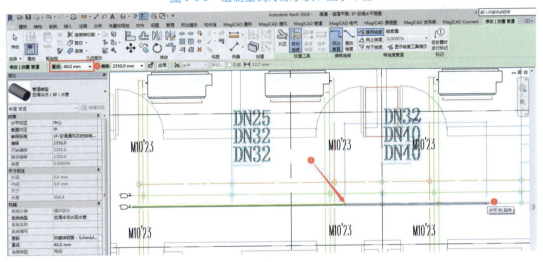

图 1-8-6 绘制变径

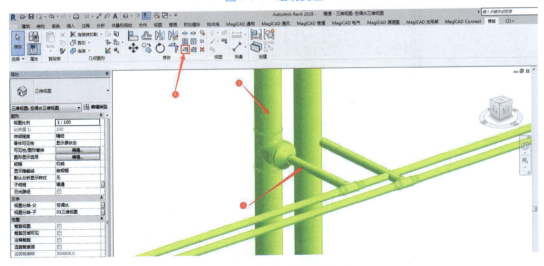

图 1-8-7 连接水平干管与立管

2) 绘制空调冷凝水管

空调冷凝水管为带坡度的管道,绘制方法与冷冻水管略有差异。

①新建空调冷凝水坡度:空调冷凝水管为带坡度的管道,坡度值为"≥0.005"。在绘制冷凝水管前,新建坡度值"0.5%"。选择"管理"→"MEP 设置"→"机械设置",如图 1-8-8 所示。在打开的"机械设置"对话框中选择"管道设置"下的"坡度",选择"新建坡度",在打开的"新建坡度"对话框中输入坡度值"0.5%",依次单击"新建坡度"对话框、"机械设置"对话框中的"确定"按钮完成操作,如图 1-8-9 所示。

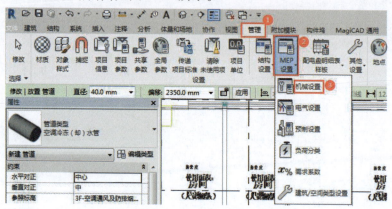

图 1-8-8　机械设置命令

②绘制空调冷凝水水平管道:选择"系统"→"管道",在"属性"对话框中设置管道类型为"空调冷凝水管"、系统类型为"空调冷凝水管",在"修改/放置管道"栏中设置直径为"25 mm",偏移量为"2 350 mm",坡度方向为"向下坡度",坡度值为"0.5%"。按照 CAD 底图中的路径和管径完成 3 层空调冷凝水管的绘制,如图 1-8-10 所示。

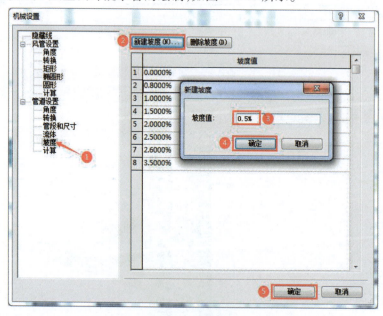

图 1-8-9　新建坡度

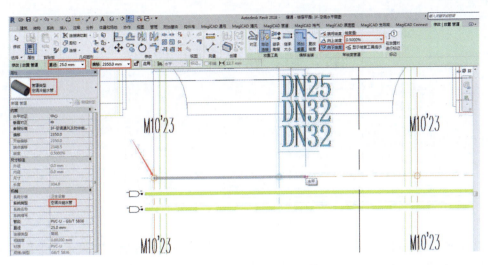

图 1-8-10 绘制空调冷凝水管

③绘制 4 层空调水管:4 层空调水平面图与 3 层略有差异,将 4 层空调水平面图导入"楼层平面:4F-空调水平面图",按照 3 层空调水管的创建方法完成 4 层空调冷冻水管及冷凝水管的绘制。

④绘制其他楼层空调水管:5～13 层的空调水平面图与 4 层相同。按照步骤③完成该系统 5～13 层空调水管的绘制。

3) 风机盘管的管道连接

空调水平干管绘制完成后,就可以将风机盘管与管道进行连接。

①连接风机盘管与冷冻水管:选择风机盘管,单击菜单栏中的"连接到"命令,如图 1-8-11 所示。在弹出的"选择连接件"对话框中选择"连接件 1:循环回水",如图 1-8-12 所示。再选择空调冷冻水回水管,如图 1-8-13 所示。风机盘管将自动与冷冻水回水管连接,如图 1-8-14 所示。重复上述操作,完成风机盘管与冷冻水供水管、冷凝水管的连接。

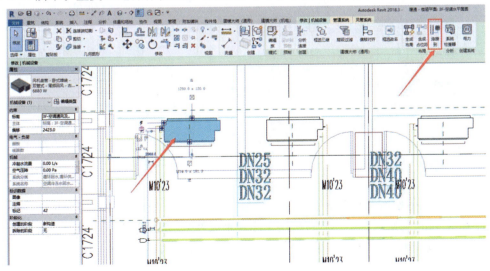

图 1-8-11 连接到命令

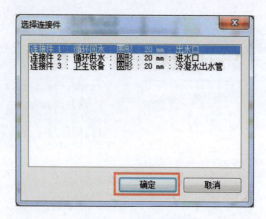

图 1-8-12　选择连接件

②连接其他风机盘管：重复上述操作，将 3～13 层其他风机盘管与空调水管进行连接。

③布置阀门：空调冷冻水管上的阀门布置方法与风系统阀门布置方法相同，此处不再重复讲述。

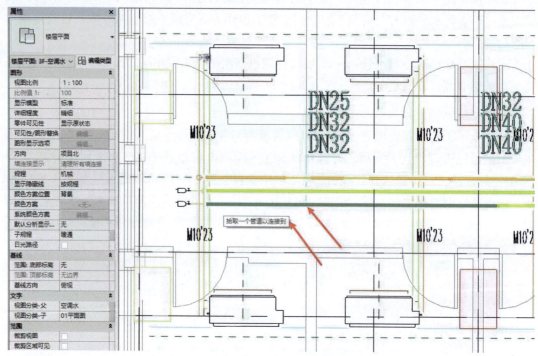

图 1-8-13　选择管道"连接到"

【任务总结】

本任务中其他层空调水系统创建方法与 3～13 层相同。空调冷却水主要集中在制冷机房至冷却塔部分，膨胀管集中在制冷机房至膨胀水箱部分，绘制方法与空调冷冻水相同。在暖通专业的空调水系统中，仅空调冷凝水为带坡度的管道，如图 1-8-15 所示。

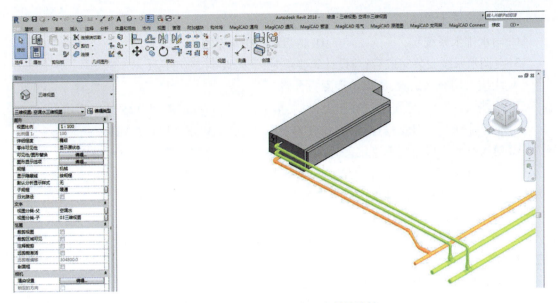

图 1-8-14 　风机盘管与空调水管的连接

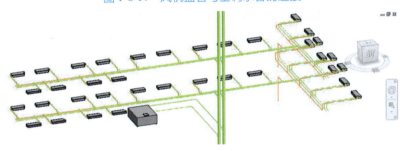

图 1-8-15 　3 ~ 13 层空调水系统

【课后任务】

一、单选题

1. 冷冻机房平面图的主要内容包括制冷设备的位置及基础尺寸、冷媒循环管道与冷却水的走向、排水沟的位置及(　　　)等。

A. 管道的阀门　　B. 风管　　　　　　C. 采暖管道　　　　　　D. 散热器

2. 热水供应系统的金属管道立管管卡安装高度,距地面应为(　　　)。

A. 1.0 ~ 1.5 m　　B. 1.2 ~ 1.5 m　　C. 1.5 ~ 1.8 m　　　　　D. 1.0 ~ 2.0 m

3. 下列不属于按承担空调负荷的输送介质分类系统的是(　　　)。

A. 全空气系统　　B. 混合式系统　　C. 全水系统　　　　　　D. 制冷剂系统

二、多选题

1. 创建机电管道系统模型时,下列管道系统应设置坡度的是(　　　)。

A. 空调冷冻水系统　　　　　　　B. 空调冷凝水系统

C. 雨水排水系统　　　　　　　　D. 生活污水排水系统

2. 创建机电管道系统模型时,下列(　　　)管道系统应添加保温层。

A. 空调冷冻水系统   B. 空调冷凝水系统

C. 雨水排水系统   D. 生活污水排水系统

3. 空调水系统安装完成后,当设计无要求时,下列规定正确的是( )。

A. 均应采用充水试验,应以不渗漏为合格

B. 冷热水、冷却水系统的试验压力,当工作压力≤1.0 MPa 时,为 1.5 倍工作压力,但最低不小于 0.6 MPa;当工作压力>1.0 MPa 时,为工作压力加 0.5 MPa

C. 对大型或高层建筑垂直位差较大的冷(热)媒水、冷却水管道系统宜采用分区、分层试压和系统试压相结合的方法,一般建筑可采用系统试压方法

D. 各类耐压塑料管的强度试验压力为 1.5 倍工作压力,严密性工作压力为 1.15 倍的设计工作压力

E. 凝结水系统采用充水试验,应以不渗漏为合格

三、判断题

1. 在平面视图中创建管道可以在选项栏中输入偏移量数值。   ( )

2. 在立面视图中创建管道可以在选项栏中输入偏移量数值。   ( )

3. 在平面视图和立面视图中创建管道都可以在选项栏中输入偏移量数值。 ( )

项目 2　给排水项目创建

任务 1　**给排水样板文件的创建**

《建筑给水排水及采暖工程施工质量验收规范(GB50242—2002)》

《自动喷水灭火系统施工及验收规范》(GB 50261—2017)

【任务信息】

　　本任务为某食堂给排水工程,为多层公共建筑,建筑层数为地上三层、地下一层,涉及生活给水系统、生活污水系统、消火栓系统、自动喷淋灭火系统、雨水系统等。本任务地下室负一层给排水平面图,如图 2-1-1 和图 2-1-2 所示。

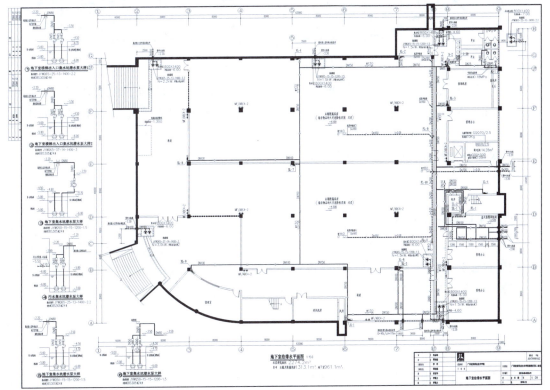

图 2-1-1　给排水平面图

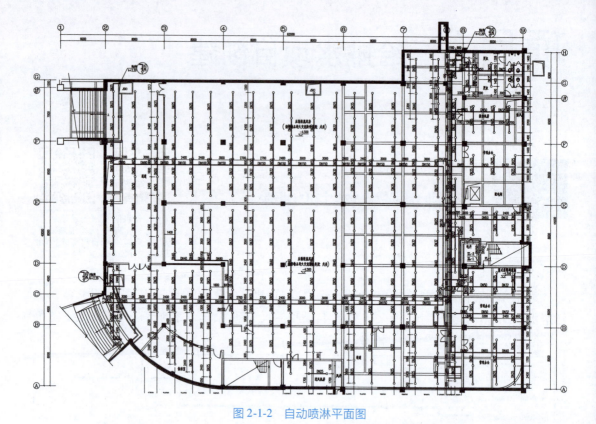

图 2-1-2　自动喷淋平面图

为了提高给排水模型创建工作的效率,统一建模和出图标准,需按照给排水专业建模特点、出图标准等进行"给排水样板文件"的创建,为给排水模型创建提供一个预设的工作环境。

本次任务为:在项目 1 完成的样板文件基础上,创建给排水样板。

【任务分析】

给排水样板文件的创建包括新建项目样板、设置管道系统、设置管道类型、设置过滤器等。识读图纸可以分析出,本项目各系统管道材质包括铝合金衬塑复合管、UPVC 管、PPR 管、内外热镀锌钢管等多种类型。需要特别注意的是,同一系统内会根据施工工艺差异采用不同管道材质。管道类型、管道系统均应按照制图标准和项目设计要求在项目样板中准确设置。

【任务实施】

给排水专业在使用 Revit 创建模型时,通常选用系统自带的"管道样板",样板中默认的设置项,不能满足给排水专业的全部需求,因此,在创建模型前需要创建符合项目实际需求的项目样板。本节内容以案例项目为例,设置给排水专业项目样板文件。

1)新建项目样板

新建给排水项目样板的操作步骤与新建暖通项目样板基本一致,所不同的是,通常选用系统自带的"管道样板",即"Plumbing-DefaultCHSCHS.rte"来新建项目样板文件,完成后,将项目样板保存命名为"给排水样板",如图 2-1-3 所示。

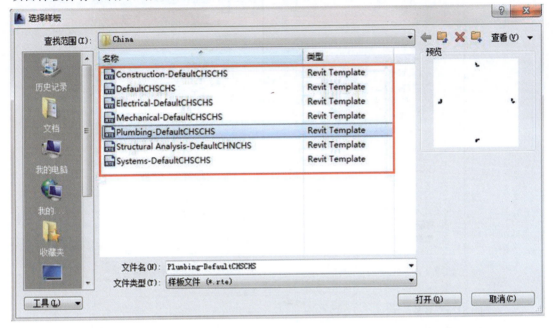

图 2-1-3   选择管道样板

2) 设置管道系统

在"项目浏览器"中选择"族"并单击"+"符号展开下拉菜单,选择"管道系统",发现系统默认自带 11 个管道系统,如图 2-1-4 所示,用户只能在此基础上修改和复制,不能直接将其删除。当默认的管道系统不能满足实际绘图需求时,因此,需要根据已有的管道系统创建新的管道系统。

识读"某食堂给排水"图纸,根据项目需求,需自行创建的管道系统包括生活给水系统、生活污水系统、消火栓系统、自动喷淋灭火系统、雨水系统等。

给排水项目中管道系统的创建方法和暖通项目中风管系统、管道系统的创建方法相同:基于项目样板中已有的管道系统,通过"复制""重命名"的方法创建新的管道系统。例如,选择"家用冷水"右键"重命名"为"生活给水系统";选择"卫生设备"右键"重命名"为"生活污水系统";选择"其他"右键"重命名"为"雨水系统";选择"湿式消防系统"右键"重命名"为"消火栓系统";选择"其他消防系统"右键"重命名"为"自动喷水灭火系统",如图 2-1-5 所示。

完成后双击选择"生活给水系统"进入"类型属性"对话框,选择"标识数据"→"缩写",将"生活给水系统"的缩写代号"J"填入其中。然后选择"图形替换",如图 2-1-6 所示。

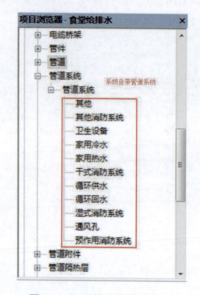

图 2-1-4　系统自带管道系统　　　　图 2-1-5　新建管道系统

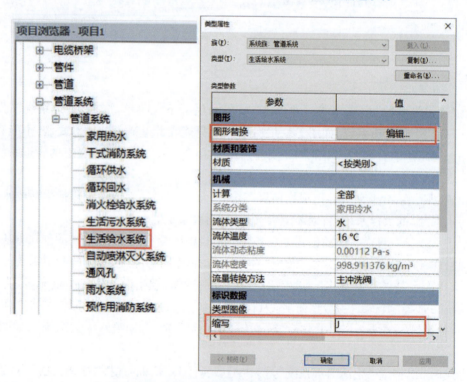

图 2-1-6　设置系统"类型属性"

　　"编辑"进入"线图形"对话框进行线型设置。宽度根据出图效果设置,此处暂定选择"1"号线宽;颜色根据出图标准管道系统颜色进行设置,此处颜色选择"RGB 0 255 0(绿色)";填充图案此处选择"实线",完成后单击"确定"按钮,如图 2-1-7 所示。

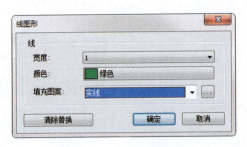

图 2-1-7　设置"线图形"

使用上述方法,依次创建其他管道系统,根据"某食堂给排水"项目需求,将管道系统"缩写"以及"图像替换"按要求进行相应设置。

3)设置管道类型

在"项目浏览器"中选择"族"并单击"+"符号展开下拉菜单,选择"管道"→"管道类型",发现系统自带两种管道类型:"PVC-U-排水"和"标准",如图 2-1-8 所示。其中,默认的管道材质等参数,不能满足实际绘图需求,因此,需要根据已有的管道类型创建新的管道类型。

给排水项目中管道类型的创建方法和暖通项目中管道类型的创建方法相同,接下来以生活给水管道为例讲解具体操作步骤。

通过查看"某食堂给排水"项目图纸中的"施工说明",得知生活给水管道的材质为铝合金衬塑复合管,因此,选择系统自带的管道类型:"标准",右键复制创建"标准 2",选择"标准2",右键单击选择"重命名",将"标准 2"重命名为"铝合金衬塑复合管",如图 2-1-9 所示。

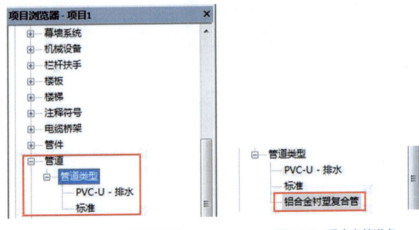

图 2-1-8　设置管道类型　　　　　　图 2-1-9　重命名管道名

需要注意的是,在设置布管系统配置时,无法在"管段"栏中选择"铝合金衬塑复合管"。这是因为系统自带的管道材质没有包括铝合金衬塑复合管,因此,需要自行创建匹配的管道材质。

双击选择"铝合金衬塑复合管"进入"类型属性"对话框,选择"布管系统配置"一栏中的"编辑"按钮。进入"布管系统配置"对话框,如图 2-1-10 所示。选择"管段和尺寸",进入"机械设置"对话框,可见系统自带的 11 种管段类型均不符合使用需求,选择"管段"一栏右边的"新建"图标 进入"新建管段"对话框,如图 2-1-11 所示。

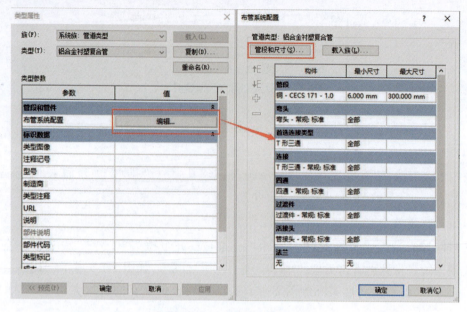

图 2-1-10　设管布管系统配置

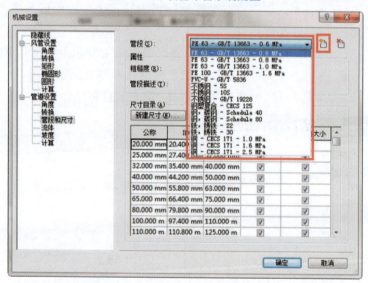

图 2-1-11　选择管段尺寸规格参考标准

选择"材质和规格/类型",选择"材质"一栏右边的□图标,如图 2-1-12 所示。进入"材质浏览器"对话框。单击□选择"新建材质",项目材质库列表中自动添加"默认为新材质",选择"默认为新材质"右键进行重命名,将其修改为"铝合金衬塑复合管",完成后单击"确定"按钮,如图 2-1-13 所示。

注意:管道的材质不能手动输入。

"规格/类型"一栏输入对应管道材质执行的国家标准,此处输入"CJ/T 321—2010"。

"从以下来源复制尺寸目录"从下拉列表中可选择和新建管段尺寸最接近的现有管段。

"材质"以及"规格/类型"信息的添加都可以通过"预览管段名称"进行预览。以上设置如图 2-1-14 所示。

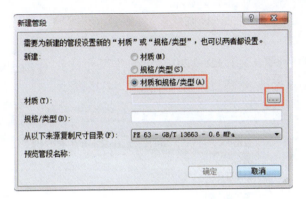

图 2-1-12　新建管段

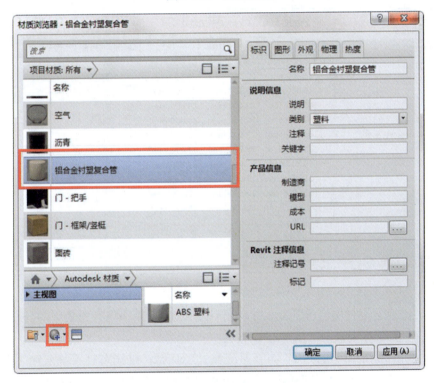

图 2-1-13　设置管道材质显示

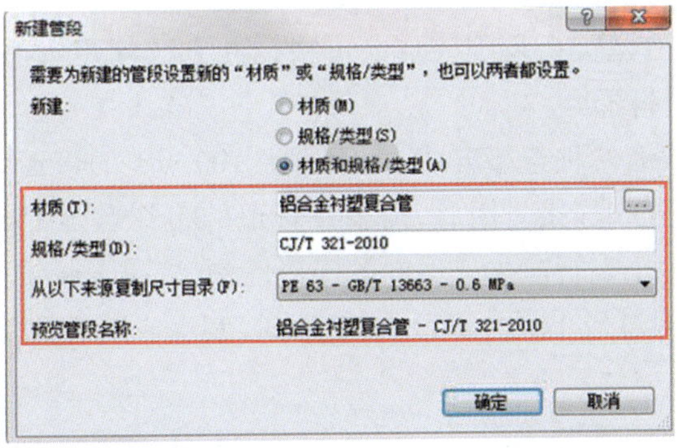

图 2-1-14　设置管段材质、规格、尺寸来源复制、名称

完成后单击"确定"按钮,返回"机械设置"对话框,在"管段"一栏选择刚刚添加的"铝合金衬塑复合管-CJ/T 321—2010"。

在"铝合金衬塑复合管-CJ/T 321—2010"下修改尺寸目录,方法同暖通项目,具体的管道尺寸应符合相关国家标准,本项目具体尺寸如图 2-1-15 所示。

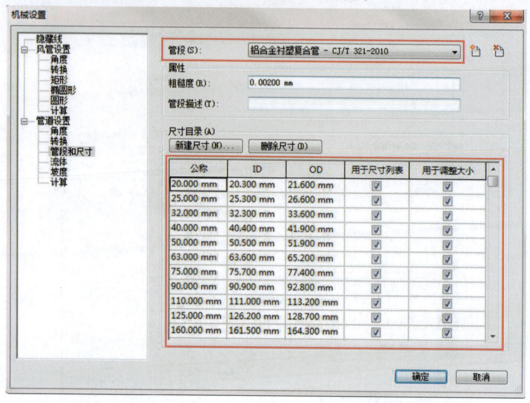

图 2-1-15 "铝合金衬塑复合管-CJ/T 321—2010"尺寸表

注意:需对应管道材质修改管道尺寸,且新建的公称直径和现有列表中的公称直径不允许重复。

完成后单击"确定"按钮,返回"布管系统配置"对话框,继续布管系统配置的设置工作,依次包括:设置"管段"栏为刚刚新建的"铝合金衬塑复合管-CJ/T 321—2010",设置"管段"栏"最小尺寸"和"最大尺寸",载入满足本项目使用需求的管件族,设置所有管件,方法同暖通项目。至此生活给水管道类型创建完成。可根据此方法创建该项目其余管道类型,如内外热镀锌钢管、UPVC 塑料管等。

注意:消防管道一般有两种连接方式,大于等于 100 mm 的管道为沟槽/卡箍连接,小于100 mm 的管道为螺纹/丝扣连接。因此,需要在管道的布管系统配置中为消防管道设置两种连接方式,根据管径大小来智能生成不同的连接件,方法同暖通项目中空调冷冻(却)水管的设置。例如"弯头",通过最小尺寸和最大尺寸来控制生成的弯头类型,如图 2-1-16 所示。

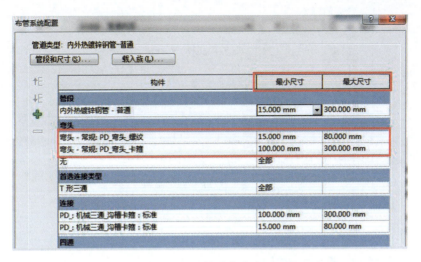

图 2-1-16　消防管道弯头类型设置

4）设置过滤器

给排水项目过滤器的设置原理及方法同暖通项目，下面以创建消火栓系统过滤器为例讲解具体操作步骤。

①"属性"选项板→"可见性/图形替换"，单击"编辑"，进入相应楼层的"可见性/图形替换"对话框。

②选择"过滤器"→"编辑/新建"→"过滤器"对话框→"新建"过滤器图标🗋，在"过滤器名称"对话框中命名为"消火栓系统"，完成后单击"确定"按钮，如图 2-1-17 所示。

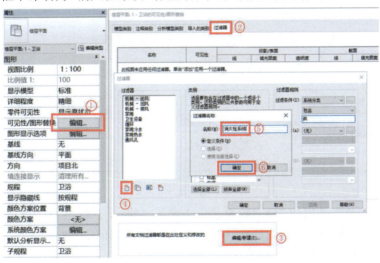

图 2-1-17　创建消火栓系统过滤器

③此时"消火栓系统"出现在左侧"过滤器"列表中，"类别"选择"管件""管道""管道占位符"；"过滤条件"选择"系统类型""等于""消火栓系统"，如图 2-1-18 所示，完成后单击"确定"按钮。

④回到"可见性/图形替换"对话框，选择"添加"，在"添加过滤器"对话框中选择刚才创建的"消火栓系统"，完成后单击"确定"按钮，如图 2-1-19 所示。

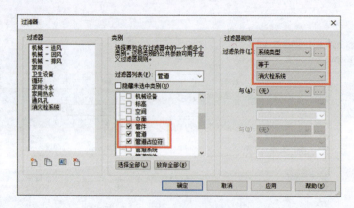

图 2-1-18　消火栓系统过滤器设置

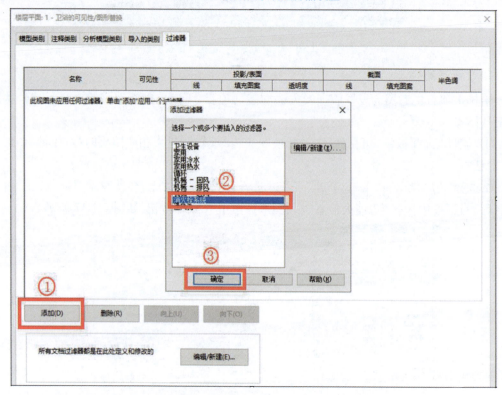

图 2-1-19　添加消火栓过滤器

⑤此时当前视图已应用"消火栓系统"过滤器,如图 2-1-20 所示。然后,根据本项目 CAD 图纸的实际情况,设置"消火栓系统"过滤器的线图形和填充图案,并根据绘图需求设置可见性,方法同暖通项目过滤器设置。

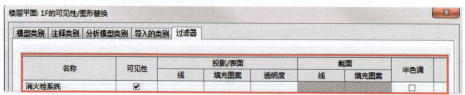

图 2-1-20　消火栓过滤器线图形和填充图案设置

　　至此"消火栓系统"过滤器创建完成。可根据此方法依次创建本项目其余过滤器,包括生活给水系统、生活污水系统、自动喷淋灭火系统、雨水系统等。过滤器是非常重要的功能,熟练运用过滤器是提高建模速度、减少建模错误、自检及出图是否美观的关键。

　　接下来,按照暖通项目的方法,根据项目使用需求,建立本专业项目浏览器组织,并创建设置相应的视图样板,即可完成"某食堂给排水"项目样板的创建工作。

【任务总结】

　　本任务根据"某食堂给排水"工程实际工程项目需求,按照新建项目样板、设置管道系统、设置管道类型、设置过滤器等步骤,完成该项目给排水样板文件的设置。

【课后任务】

一、单选题

　　1. Revit 管道系统分类不包括(　　　)。

　　A. 循环供水、循环回水　　　　　　B. 家用冷水、家用热水

　　C. 卫生设备、通气管　　　　　　　D. 湿式消防系统、干式消防系统

　　2. 水管"布管系统配置"对话框的作用不包括(　　　)。

　　A. 设置管段的材质以及最小、最大尺寸

　　B. 可以在管件类型中添加其他行,但仅应为每个部分制订一个零件

　　C. 可以通过"载入族"按钮,将水管管件载入项目中

　　D. 更改布管配置后,项目中相同类型的现有管路将即时更新

　　3. (　　　)应表明管道走向、管径、坡度、管长、进出口(起点、末点、标高、各系统编号、各楼层卫生设备和工艺用水设备的连接点位置和标高)。

　　A. 管道系统图　　B. 局部设施图　　C. 管道平面图　　　　D. 详图

　　4. 镀锌钢管规格有 DN50,DN20 等,DN 表示(　　　)。

　　A. 内径　　　　　B. 公称直径　　　　C. 外径　　　　　　D. 其他

　　5. 下列常用阀门中,启闭件靠介质流动自行开启或关闭的是(　　　)。

　　A. 止回阀　　　　B. 截止阀　　　　C. 蝶阀　　　　　　D. 闸阀

二、多选题

　　1. 在管道"类型属性"对话框下的"布管系统配置"包含的构件设置有(　　　)。

　　A. 三通　　　　　B. 管段　　　　　C. 连接　　　　　D. 活接头　　　　E. 过渡件

　　2. 下列关于机电模型创建的描述,正确的是(　　　)。

　　A. 机电模型可直接复制建筑模型中的轴网

　　B. 机电样板内不能显示建筑墙

　　C. 绘制机电模型时可以考虑各专业的标高,以减少后续工作量

　　D. 机电管道的设置可以不考虑管道材质,随意即可

　　E. 视图内对各系统的显隐控制可使用过滤器

　　3. 一般建立项目样板需要做的工作有(　　　)。

A. 确定项目文档命名规则　　　B. 构件命名规则

C. 族的命名规则　　　　　　　D. 视图命名规则

E. 构件类型命名规则

三、判断题

1. 模型单元应根据工程对象的系统分类设置颜色，与消防有关的二级系统以及消费救援场地、救援窗口等应采用红色系。　　　　　　　　　　　　　　　（　　）

2. 系统分类是 Revit 预设，用户无法添加，用户可以添加系统类型和系统名称。（　　）

3. 水管"布管系统配置"对话框，可以在管件类型中添加其他行，但只应为每个部分制订一个零件。　　　　　　　　　　　　　　　　　　　　　　　　　（　　）

任务 2　给排水模型创建

【任务信息】

本任务为某食堂给排水工程模型构建，建模深度为完成一个完整楼层的给排水系统全专业内容，包括生活给排水系统、消火栓系统、自动喷淋灭火系统中干管、立管、支管的绘制，卫浴装置、消火栓箱、喷头的布置与连接，所有系统阀门等管路附件的布置等。前期工作已完成给排水项目样板文件的创建和设置，现根据图纸进行给排水系统模型创建。本项目地下室负一层卫生间给排水大样，如图 2-2-1 所示。

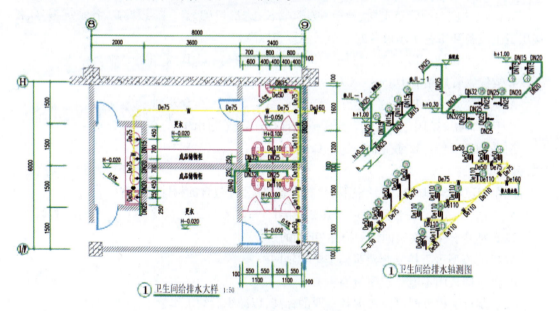

图 2-2-1　地下室负一层卫生间给排水大样图

【任务分析】

本任务主要包含两类工作:绘制管道、放置设备附件。绘制管道需要注意图纸识读技巧,时刻注意管道材质变化、管道直径变化、标高变化等;放置设备附件需要提前准备好适合本项目需求的族文件,放置时关注设备的安装位置;连接设备附件时需要注意软件操作技巧,多种方法灵活运用,以提高模型创建质量和效率。

【任务实施】

对一个新的给排水工程项目,在项目样板文件创建完成之后,模型绘制之前,需要做好模型绘制的相关准备工作,依次包括:新建项目→链接建筑模型或建筑标高轴网模型→复制轴网→复制标高→根据复制的标高创建视图平面→导入按楼层分割后的 CAD 底图(含卫生间给排水大样),准备好后,即可开始模型绘制,此部分操作和暖通项目方法相同,下面直接进入"某食堂给排水"项目模型的绘制。

1)创建生活给排水系统

本任务生活给排水系统的创建,可按照绘制给水管道→绘制排水管道→放置并连接卫浴装置→放置管路附件的顺序进行,下面以案例项目地下室负一层为例讲解生活给排水系统模型绘制方法。

(1)绘制给水管道

为保证思路清晰,提高建模准确度及效率,本任务给水管道可按照水流方向依次绘制,即绘制引入管→绘制给水总立管→绘制楼层给水干管→绘制卫生间给水支管。引入管不在本任务负一层,绘制方法同楼层给水干管,下面直接进入给水总立管的绘制。

①绘制给水总立管:将视图切换到"楼层平面:-1F-生活给排水平面图",选择"系统"→"管道",进入管道绘制模式后,"属性"选项板与"修改|放置 管道"选项栏同时被激活,如图 2-2-2 所示。

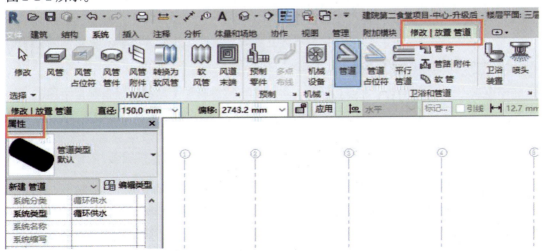

图 2-2-2　进入管道绘制模式

由于当前管道参数是默认状态,因此,必须按照以下 4 个步骤,根据项目需求完成管道参数设置后,才能正确手动绘制管道:

a.选择管道类型:在"属性"选项板中选择之前在项目样板中设置完成的对应的管道类型,即"铝合金衬塑复合管"。

b.选择系统类型:在"属性"选项板中选择之前在项目样板中设置完成的对应的管道系统,即"生活给水系统"。

c.选择管道直径:在"修改│放置 管道"选项栏"直径"中的下拉列表选择对应的管道直径 100 mm,也可手动输入。

d.指定管道偏移量,并完成绘制:识读图纸,本任务"给水系统原理图"显示 100 mm 的给水总立管底标高为−0.6 m,顶标高为 2F 顶板下贴梁安装位置,可定为 8.9 m。"修改│放置 管道"选项栏"偏移量"是指管道中心线相对于"属性"选项板中所选参照标高的距离,即−1F 的标高−4.5 m。因此,先在"偏移量"中输入立管的底标高 3 900 mm,在绘图区域 CAD 底图中找到给水总立管的中心点位置,单击鼠标左键,然后修改"偏移量",输入立管的顶标高 13 400 mm 后,双击"应用",完成给水总立管的绘制,如图 2-2-3 和图 2-2-4 所示。

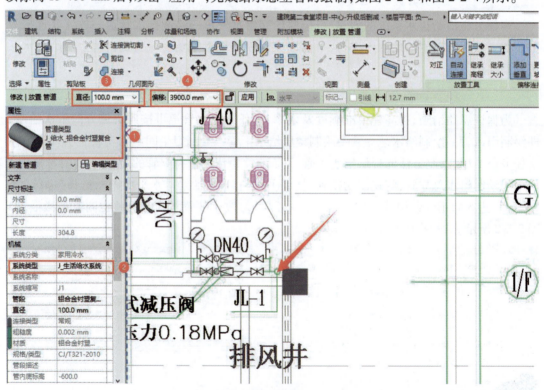

图 2-2-3　绘制给水立管 1

②绘制楼层给水干管:选择"系统"→"管道",进入管道绘制模式后,先绘制 DN40 的干管,与绘制立管相同,需根据项目需求确认 4 个管道参数:管道类型为"铝合金衬塑复合管",管道系统为"生活给水系统",直径为 40 mm,偏移量为 3 200 mm,捕捉立管位置作为起点,沿着 CAD 底图中的路径绘制水平管道,因为干管起点与总立管位置相同,所以会自动进行连接,如图 2-2-5 所示。

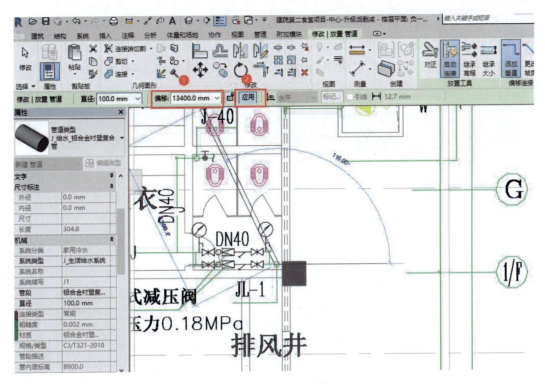

图 2-2-4 　绘制给水立管 2

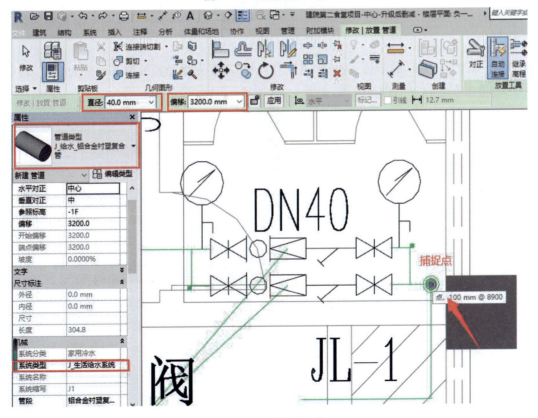

图 2-2-5 　绘制给水干管 1

　　在管道转弯处,同样沿着路径转弯,管道连接处将自动生成弯头。DN40 的给水干管在标高下降处结束,在绘至末端时,单击鼠标左键确认位置,将鼠标移至"修改│放置 管道"栏中,修改偏移量为 300 mm,双击"应用",完成 DN40 干管绘制,如图 2-2-6 所示。

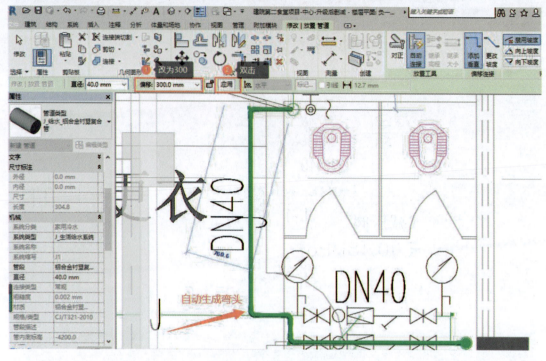

图 2-2-6　绘制给水干管 2

　　接下来绘制 DN20 的干管,为了管道顺利连接,需要先将变径处弯头调整为三通:选中该弯头,单击左边的"+",即可完成,如图 2-2-7 所示。

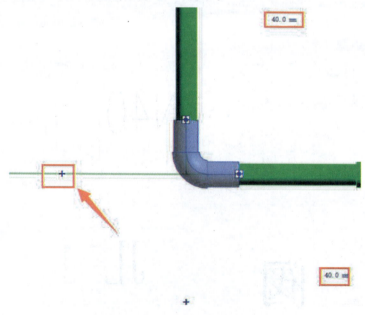

图 2-2-7　弯头升级三通的操作

按照 DN40 的绘制方法，先确认 4 个管道参数：管道类型和管道系统不变，直径修改为 25 mm，偏移量为 3 200 mm，从三通处开始，沿着 CAD 底图中的路径绘制，管道与三通连接处将自动生成连接件，如图 2-2-8 和图 2-2-9 所示。

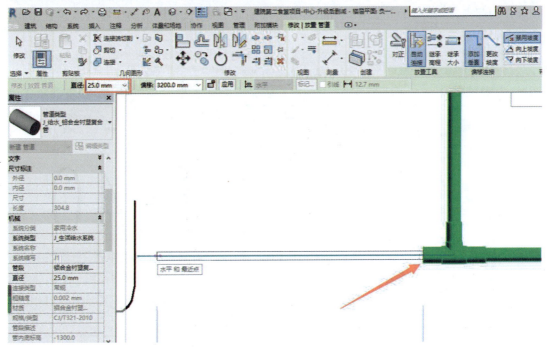

图 2-2-8　管道与三通连接 1

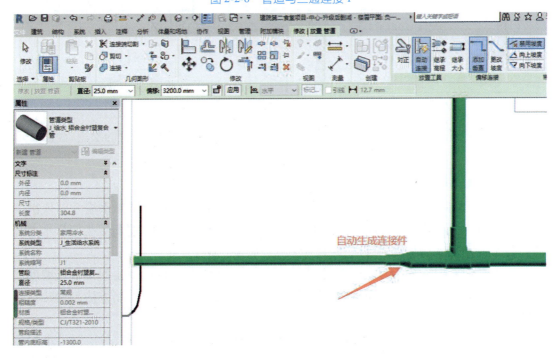

图 2-2-9　管道与三通连接 2

③绘制卫生间给水支管：选择"系统"→"管道"，进入管道绘制模式后，先绘制右边的支管，绘制方法与干管相同，需要注意的是，支管的管道材质发生了变化，因此，确认 4 个管道参数：管道类型为"PPR 管"，管道系统不变，直径为 40 mm，偏移量为 300 mm，捕捉干管结束位置作为起点，沿着 CAD 底图中的路径绘制水平管道，因为支管起点与干管终点位置相同，所以会自动进行连接，如图 2-2-10 所示。

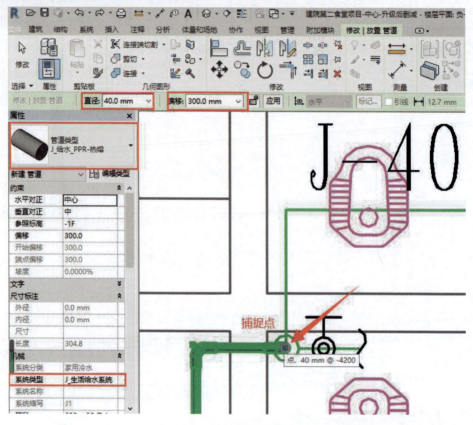

图 2-2-10　绘制卫生间给水支管

接下来，按照前面的方法，可依次完成 DN32，DN25，DN20，DN15 支管的绘制，注意管道直径一般在三通点位置发生变化。

（2）绘制排水管道

为了保证思路清晰，提高建模准确度及效率，本任务排水管道可按照水流方向依次绘制，即绘制卫生间排水支管→绘制排水立管→绘制排水出户管，下面先进行卫生间排水支管的绘制，排水管道为带坡度的管道，绘制方法与给水管道略有差异。

新建排水管坡度：先绘制左边管道，识读项目施工说明，75 mm 的卫生间排水管坡度按 0.025 执行，因此，在绘制卫生间排水支管前，需新建坡度值"2.5%"，绘制方法与新建空调冷凝水管坡度相同。

绘制卫生间排水支管：选择"系统"→"管道"，进入管道绘制模式后，与绘制给水管相同，需确认 4 个管道参数：在"属性"对话框中设置管道类型为"UPVC 管"，管道系统为"生活污水系统"，在"修改｜放置 管道"栏中设置直径为 75 mm，起点偏移量为-700 mm；此外，由于排水管为带坡度的管道,还需要在"修改｜放置 管道"栏中设置坡度方向为"向下坡度",坡度值设为"2.5%"。所有设置完成后,按照 CAD 底图中的路径和水流方向绘制管道,如图 2-2-11 所示。

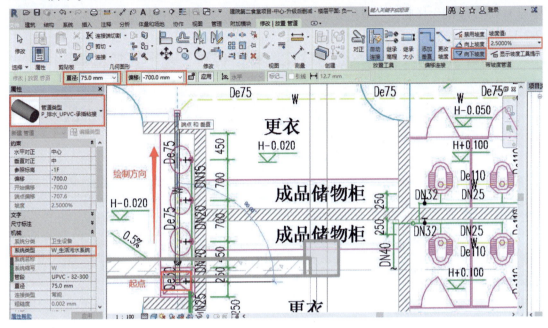

图 2-2-11　绘制卫生间排水支管

按照上述方法,可完成所有卫生间排水支管的绘制,注意:

①如果按照水流反方向绘制,可将"修改｜放置 管道"栏中坡度方向设置为"向上坡度"。

②绘制带坡度管道完成后,为保证顺利连接,在绘制下一段管道时需要注意管道的起点标高,因为管道标高时刻都在变化,可激活"修改｜放置 管道"栏中"继承高程"命令捕捉连接点的标高,从而实现自动连接,如图 2-2-12 所示。

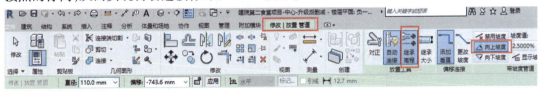

图 2-2-12　"继承高程"命令

本任务负一层排水直接进入集水坑,无排水立管,排水立管的绘制方法与给水立管相同;排水出户管道不在负一层,绘制方法同卫生间排水横支管,需要注意各种管道材质的变化及坡度的变化。

（3）**放置并连接卫浴装置**

调整好 CAD 底图位置并锁定后,就可以开始放置卫浴装置。

①载入卫浴装置族:选择"插入"→"载入族",在"机电/卫生器具"目录下找到适合的族,并载入项目中,若族文件中没有适合的族,可以在网上自行下载,本任务载入的卫浴装置

族包括洗脸盆-椭圆形-3 个、自闭式冲洗阀落地式小便器、陶瓷蹲便器、污水池。

②放置卫浴装置:选择"系统"→"卫浴装置",进入卫浴装置绘制模式,在"属性"选项板中选择刚刚载入的正确的卫浴装置,根据项目需求在"尺寸标注"中修改族的参数后,移动鼠标至 CAD 卫生间大样底图对应位置,单击鼠标左键,完成卫浴装置的布置,如图 2-2-13 和图 2-2-14 所示。

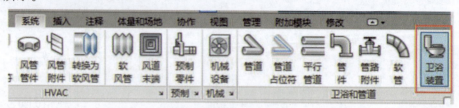

图 2-2-13 放置卫浴装置 1

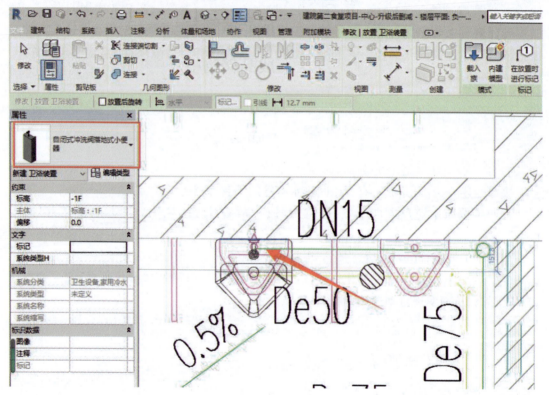

图 2-2-14 放置卫浴装置 2

值得注意的是,很多卫浴装置族需要基于主体才能放置,该主体包括墙、柱子以及楼板等。例如,本项目中的"洗脸盆-椭圆形-3 个",因为该洗脸盆需要安装在墙面上,所以,在"修改丨放置 卫浴装置"面板中,选择"放置在垂直面上",如果模型中有主体可用,将鼠标移至底图墙体位置时,就会显示出该族,表示可以布置,如图 2-2-15 所示。

如果模型中无主体可用,将鼠标移至底图同样位置时,不会显示出该族,如果单击鼠标左键布置该洗脸盆,软件右下角会出现如下警告,如图 2-2-16 所示。

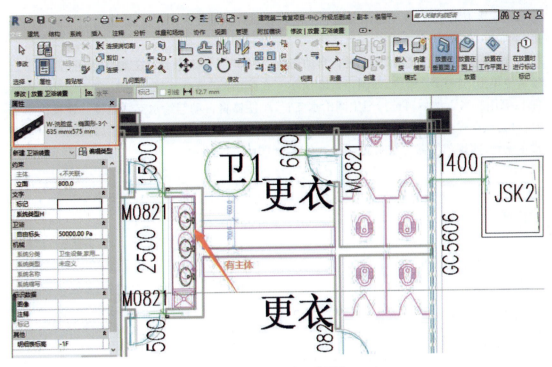

图 2-2-15　放置在垂直面上

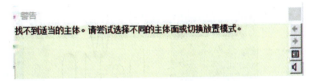

图 2-2-16　无主体出错显示

正确放置所有卫浴装置后,效果如图 2-2-17 所示。

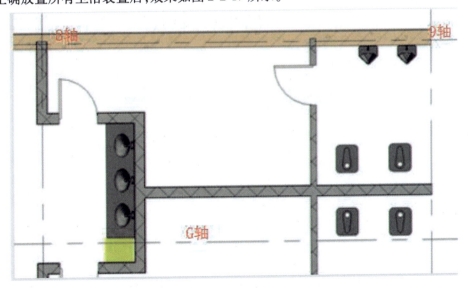

图 2-2-17　正确放置后的卫浴装置

③连接卫浴装置：在给排水管道和卫浴装置都绘制完成后，可进行管道与卫浴装置的连接，下面讲解两种方法：

方法一：使用"连接到"命令进行自动连接。例如，选中蹲便器，在"修改 | 卫浴装置"选项卡中单击"连接到"命令，如图 2-2-18 所示。在弹出的"选择连接件"对话框中选择"连接件 1：家用冷水"，然后再选择卫生间给水支管，蹲便器将自动与给水支管连接。连接排水管时，可尝试在弹出的"选择连接件"对话框中选择"连接件 2：卫生设备"，然后再选择卫生间排水支管，实现蹲便器与排水支管自动连接，如图 2-2-19 所示。

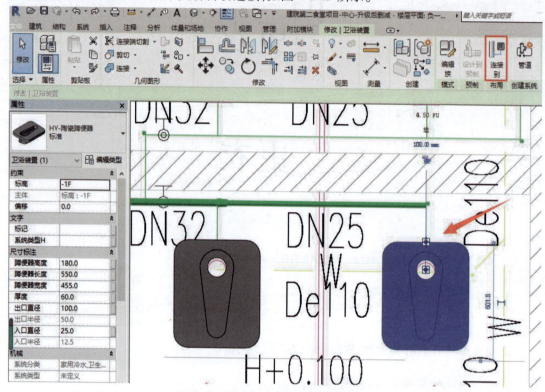

图 2-2-18　选中卫浴"连接到"命令

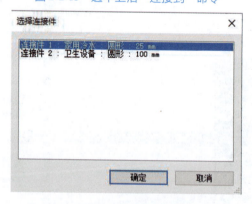

图 2-2-19　选择卫浴装置连接件

注意：使用"连接到"命令时，从连接件连出的管道默认与目标管道的最近端点进行连接。

　　方法二：首先创建卫生器具进/出水管，然后与附近的管道进行手动连接。创建管道前，先确认管道的 4 个参数，选择"系统"→"管道"，在"属性"选项板中选择"管道类型"为"PPR管"，"系统类型"为"生活给水系统"，在这里，"直径"和"偏移量"可以不进行设置；然后，选中蹲便器，查看其进水点位置，将鼠标移至进水点附近直至出现"创建管道"时单击左键，如图 2-2-20 所示，发现从卫生器具拉出一段水平管道，"直径"和"偏移量"已按蹲便器族参数确定，先朝目标管道绘制一小段，如图 2-2-21 所示。

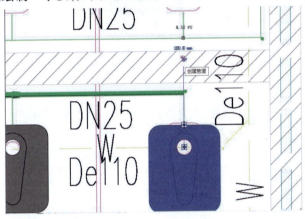

图 2-2-20 　 创建卫浴装置管道

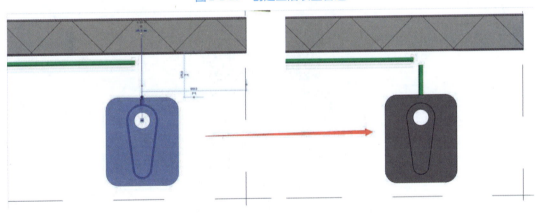

图 2-2-21 　 位置卫浴装置连接管

　　接下来，使用"修改"选项卡下的"修剪/延伸为角"命令 ，将两段管道相连，完成蹲便器与给水管道的连接，如图 2-2-22 所示。

　　方法二适用于不能使用"连接到"命令自动连接的情况，例如，卫生器具与排水管连接时需要安装存水弯，接下来以蹲便器与卫生间排水管的连接为例讲解具体操作。

　　此处，需要运用剖面视图进行辅助绘制，选择"视图"→"剖面"，在平面视图中，将光标放置在剖面的起点处，拖曳光标直至终点后单击。剖面线和裁剪区域出现，选中剖面线，可以拖动四周的控制柄调整可视范围以及可视深度，如图 2-2-23 所示。

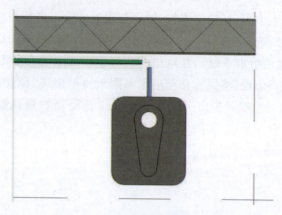

图 2-2-22　连接卫浴支管与横管

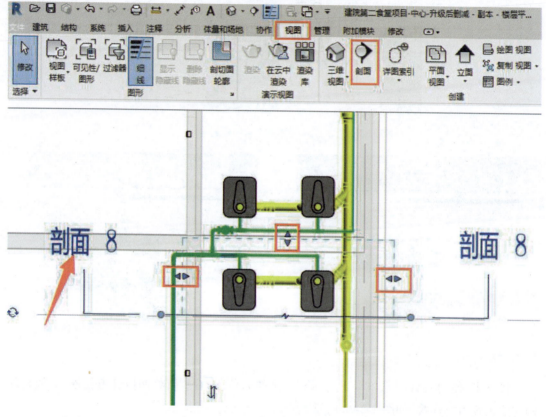

图 2-2-23　创建剖面图

　　此时在"项目浏览器""剖面"中可以选择下拉菜单对剖面视图进行查看,或选中剖面框后,右键选择"转到视图"可以进入剖面视图中。进入剖面视图后当前视图详细程度为粗略,用户可以根据自己的实际情况对详细程度及视觉样式进行调整。

　　接着,在剖面视图中创建蹲便器出水管,同样先确认管道的 4 个参数,选择"系统"→"管道",在"属性"选项板中选择"管道类型"为"UPVC 管","系统类型"为"生活污水系统",在这里,"直径"和"偏移量"可以不进行设置;然后,选中蹲便器,查看其出水点的位置,将鼠标移至出水点附近直至出现"创建管道"时单击左键,发现从卫生器具拉出一段管道,"直径"

和"偏移量"已按蹲便器族参数确定,先朝目标管道垂直绘制一小段,如图 2-2-24 和图 2-2-25 所示。

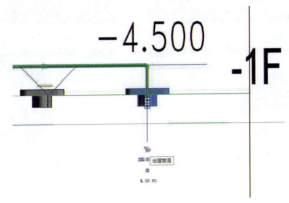

图 2-2-24 　利用剖面图绘制卫浴装置给水管

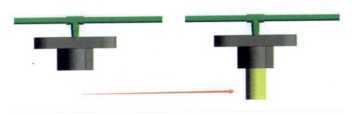

图 2-2-25 　利用剖面图绘制卫浴装置排水管

接着,布置存水弯,将存水弯族载入项目后,选择"系统"→"管路附件",在"属性"选项板中选择符合需求的存水弯,将鼠标移至管道底部附近,直至出现捕捉后单击,如图 2-2-26 所示。

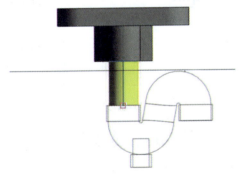

图 2-2-26 　放置存水弯

放置存水弯后,返回至平面视图(−1F),检查存水弯是否放置在正确位置,如果位置不合适可以使用旋转命令或敲击键盘空格键进行调整,可将存水弯出水口作为圆心进行旋转或移动。调整好存水弯位置后切换回剖面视图,如图 2-2-27 所示。

最后,连接存水弯与排水管,先从存水弯出口垂直向下绘制一段管道,然后选择"修改"→"修剪、延伸单个图元"命令 ，将两段管道相连,最终完成蹲便器与卫生间排水管道的连接,如图 2-2-28 所示。

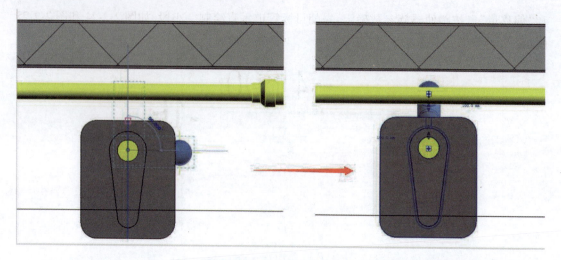

图 2-2-27　旋转存水弯的方向

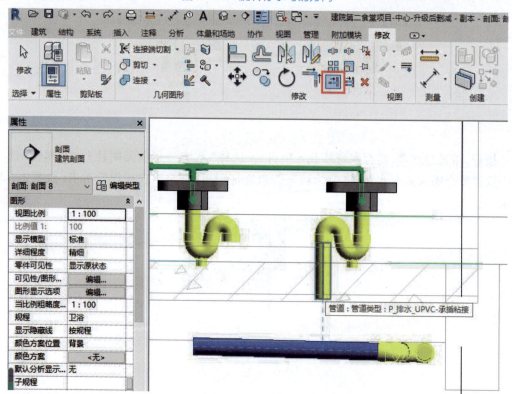

图 2-2-28　存水弯与排水管的连接

　　至此,所有管道与蹲便器的连接已完成,效果如下。重复蹲便器的操作方法,可完成所有卫生器具与管道的连接,如图 2-2-29 所示。

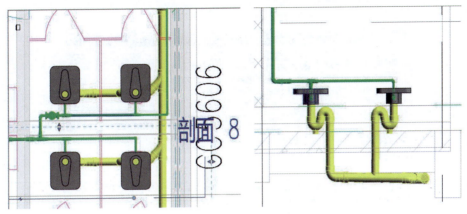

图 2-2-29   完成后的蹲便器存水弯

（4）放置管路附件

在平面视图、立面视图、剖面视图和三维视图中均可放置管路附件，管路附件需要手动添加。

①载入管路附件族：选择"插入"→"载入族"，在"机电/卫浴附件"目录下找到适合的族，并载入项目中，若族文件中没有适合的族，可以在网上自行下载，除了之前的方法，也可以在管路附件"属性"选项板中选择"编辑类型"进入"类型属性"对话框，选择"载入"，进行族的载入，如图 2-2-30 所示。

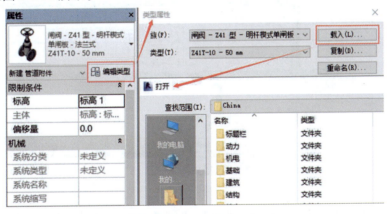

图 2-2-30   载入族

本任务需要载入的管路附件族包括闸阀、Y 形过滤器、减压阀、可曲挠橡胶头、闸阀、截止阀、地漏、清扫口等。

②放置管路附件：选择"系统"→"管路附件"，如图 2-2-31 所示。进入管路附件绘制模式，在"属性"选项板中选择刚刚载入的正确的管路附件，如截止阀，移动鼠标至 CAD 底图对应位置，放大模型，在管道附近小幅度晃动，等待识别管道，当识别成功后，截止阀的大小会根据管道直径自动调整，确认位置后单击鼠标左键，完成截止阀的布置，如图 2-2-32 和图 2-2-33 所示。

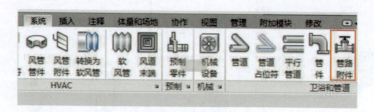

图 2-2-31　放置管路附件

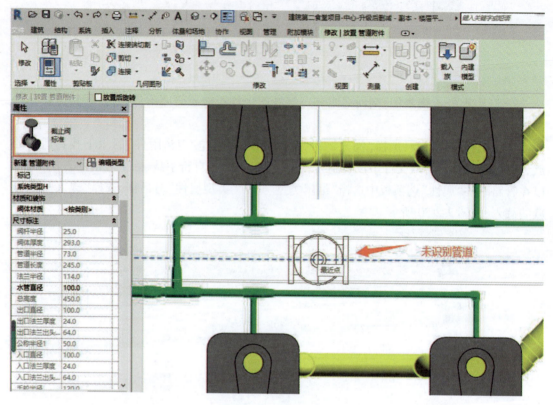

图 2-2-32　识别管道 1

　　此外,也可以在项目浏览器中,展开"族"→"管道附件",找到"截止阀"族,直接以拖曳的方式将截止阀拖到绘图区域所需位置进行放置。

　　按照上述操作布置完所有管路附件,即可最终完成地下室负一层生活给排水系统模型的创建,需要注意的是,地漏和清扫口一般布置在地面,并需要与管道进行连接,连接方法可参见卫浴装置的连接。

2) 创建消火栓系统

　　创建消火栓系统模型,可以参考以下步骤设置:绘制消防立管→绘制消防干管→放置并连接消火栓→放置管路附件,下面以案例的地下室负一层为例讲解消火栓系统模型绘制方法。

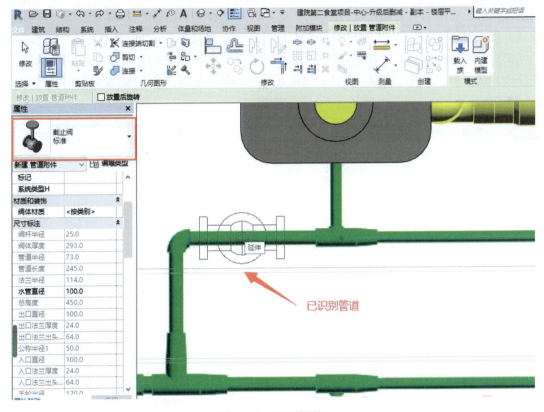

图 2-2-33 识别管道 2

（1）绘制消防立管

消防立管的绘制与给水总立管的绘制方法相同。将视图切换到"楼层平面:-1F-消火栓系统平面图"，选择"系统"→"管道"，进入管道绘制模式后，同样先根据项目需求确认 4 个管道参数:管道类型为"内外热镀锌钢管"，管道系统为"消火栓系统"，直径为 100 mm，根据识图结果，在"偏移量"中输入对应立管的底标高和顶标高。找到 CAD 底图中立管的位置，按照绘制给水总立管的方法逐个完成消火栓立管的绘制。

（2）绘制消防干管

消防干管的绘制与给水干管的绘制方法相同。选择"系统"→"管道"，进入管道绘制模式后，同样先根据项目需求确认 4 个管道参数:管道类型为"内外热镀锌钢管"，管道系统为"消火栓系统"，直径为 150 mm，偏移量此处暂定为 4 000 mm。然后，沿着 CAD 底图中的路径绘制水平管道，绘制完后的干管可以把所有消防立管连接起来。

（3）放置并连接消火栓

调整好 CAD 底图位置并锁定后，就可以开始放置消火栓。

①载入消火栓族:选择"插入"→"载入族"，在"机电/消防"目录下找到适合的族，并载入项目中，若族文件中没有适合的族，可在网上自行下载。

②放置消火栓:选择"系统"→"机械设备",如图 2-2-34 所示。在"属性"选项板中选择刚刚载入的正确的消火栓箱类型,在"属性"选项板中选择消火栓箱类型,并设置消火栓箱的放置高度,图纸显示本任务中消火栓栓口中心参照当前楼层标高的"偏移量"为 1 100 mm,不同消火栓族定位原点不一样,放置前需要校核,另外,也可以根据项目需求在"尺寸标注"中修改族的参数。最后,移动鼠标至 CAD 底图,在绘图区域的合适位置进行放置,如图 2-2-35 所示。

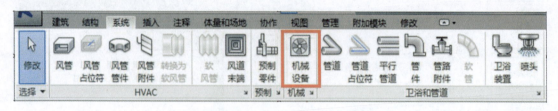

图 2-2-34 "机械设备"选项

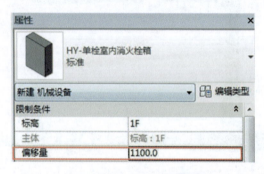

图 2-2-35 设置消火栓偏移量

需要特别注意的是,消火栓族也需要基于主体才能放置,主体包括墙、柱子以及楼板等,详见"洗脸盆-椭圆形-3 个"卫浴装置的布置。

③连接消火栓:当消防立管、干管及消火栓都绘制完后,可以进行消火栓与管道的连接,消火栓通常就近连接在消防立管上。下面讲解两种常用的方法:

方法一:使用"连接到"命令进行自动连接。该方法和卫浴装置的自动连接相同,单击消火栓箱后,选择"修改丨机械设备"→"连接到"命令,在弹出的"选择连接件"对话框中选择其中一个连接件,然后再选择附近的消防立管,消火栓自动连接消防立管。例如,XL-9 立管处消火栓的连接效果如图 2-2-36 至图 2-2-38 所示。

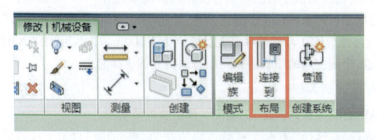

图 2-2-36 使用"连接到"命令进行自动连接 1

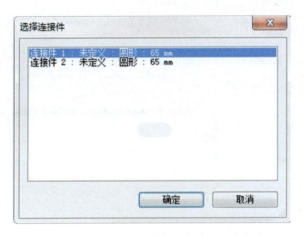

图 2-2-37　使用"连接到"命令进行自动连接 2

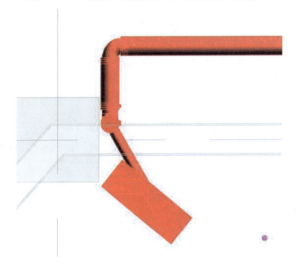

图 2-2-38　使用"连接到"命令进行自动连接 3

　　方法二：直接拾取消火栓进水点创建管道后与主管进行手动连接。该方法和卫浴装置的手动连接相同，创建管道前，同样先确认管道的 4 个参数：选择"系统"→"管道"，在"属性"选项板中选择管道类型为"内外热镀锌钢管"，管道系统为"消火栓系统"创建管道前，在这里，首先"直径"和"偏移量"可以不进行设置；然后，选中消火栓，查看其进水点位置，将鼠标移至进水点附近直至出现"创建管道"时单击左键，发现从消火栓拉出一段管道，"直径"和"偏移量"已按消火栓族参数确定，最后将拉出的管道直接画至立管中心，即可完成连接，如图 2-2-39 所示，连向立管时，可激活"继承高程""继承大小"辅助绘制，保证顺利连接。

　　最后，放置阀门等消防管道管路附件的方法与放置生活给排水系统管路附件相同。灭火器的放置：将灭火器载入项目中，选择"系统"→"机械设备"，在"属性"选项板中选择合适的灭火器类型后，在绘图区域的所需位置进行灭火器放置，如图 2-2-40 所示。

　　绘制完成后的–1F 消火栓系统效果，如图 2-2-41 所示。

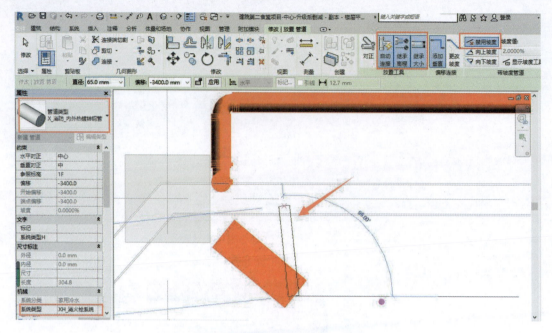

图 2-2-39　直接拾取消火栓进水点连接管道

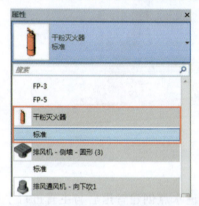

图 2-2-40　选择合适的灭火器

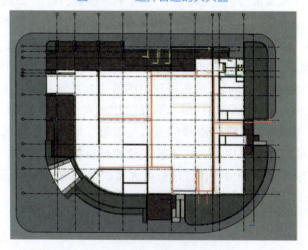

图 2-2-41　完成消火栓布置后的平面图

3) 创建自动喷淋灭火系统

本任务自动喷淋灭火系统模型创建,可以参考以下步骤:放置喷头→绘制支管并连接喷头→绘制干管→放置管路附件,下面以案例的一层为例讲解自动喷淋灭火系统模型绘制方法。

(1) 放置喷头

将视图切换到"楼层平面:1F-喷淋系统平面图",导入对应的 CAD 底图对齐并锁定后,可开始放置喷头。将喷头族载入项目后,选择"系统"→"喷头",进入喷头绘制模式,如图 2-2-42 所示。

图 2-2-42　放置喷头

在"属性"选项板中选择合适的喷头类型,首先在"偏移量"栏中输入 4 150 mm,如图 2-2-43 所示,然后在绘图区按照 CAD 底图显示位置分区域进行喷头放置,可先绘制典型区域,然后进行批量复制,如图 2-2-44 所示。

图 2-2-43　喷头的布置 1

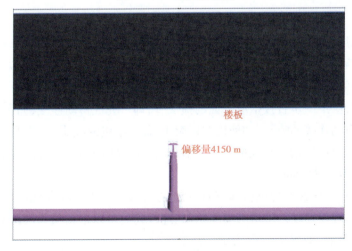

图 2-2-44　喷头的布置 2

（2）绘制支管并连接喷头

喷淋支管的绘制方法与前面的管道绘制方法相同。选择"系统"→"管道"，进入管道绘制模式后，同样先根据项目需求确认 4 个管道参数：管道类型为"内外热镀锌钢管"，管道系统为"喷淋系统"，直径暂定为 25 mm，偏移量暂定为 4 000 mm。然后，沿着 CAD 底图中的路径，起点单击第一个喷头，终点单击最后一个喷头，完成支管绘制的同时，也自动连接了第一个喷头与最后一个喷头，如图 2-2-45 所示。

系统自动连接首尾喷头

图 2-2-45　自动连接首尾喷头

其余喷头利用剖面视图辅助进行管道连接，按照前述方法，沿着支管平行方向创建剖切面，选中剖面框后，右键选择"转到视图"转至剖面视图，对详细程度及视觉样式进行调整。单击中间未连接的喷头后，选择"修改｜喷头"→"连接到"命令，因为喷头只有唯一的连接件，无须选择，因此，下一步直接拾取下面的横支管，即可完成自动连接，如图 2-2-46 所示。

注意：首尾自动连接的喷头，和使用"连接到"命令连接的喷头，末端竖直段支管管道直径均为 15 mm，这是由所选喷头族的入口直径决定的，根据施工要求，在这里需手动将直径 15 mm 的管道修改为 25 mm。

剖面视图中也可以快速地进行横支管的绘制及偏移量调整，可根据建模需求灵活使用剖面视图，以提高建模速度。管道与喷头绘制、连接完后可以根据喷头间距对已绘制的管道和喷头进行成批复制，如图 2-2-47 所示。

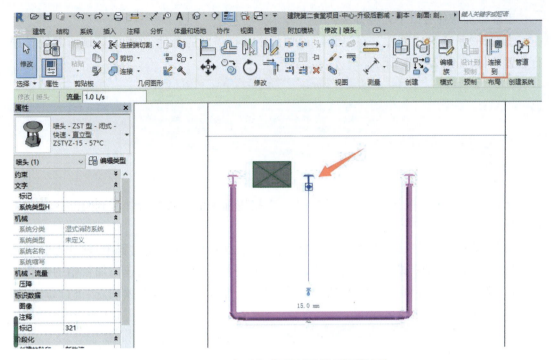

图 2-2-46　利用剖面视图辅助进行管道连接

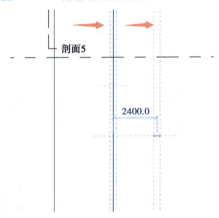

图 2-2-47　剖面视图快速绘制横支管及偏移量调整

　　假设在设计阶段,需要根据间距要求布置喷头时,可添加合适的参照平面,并将喷头锁定在水平和竖直参照平面上。这样可以通过移动参照平面快速批量地修改喷头位置,同时有利于在自动布局模式下进行管路连接,避免因喷头没有对齐而致使连接管道失败。

　　接下来,按照消火栓干管的操作步骤,绘制喷淋主干管,并与横支管相连,最后放置阀门等管路附件,完成自动喷淋灭火系统模型的创建。

（3）添加管件

　　在绘制管道的过程中,可自动添加的管件需要在管道"布管系统配置"对话框中进行设置。很多时候建模也需要手动添加管件,在平面视图、立面视图、剖面视图和三维视图中均可手动添加管件。

手动添加管件有以下几种方法：

①选择"系统"→"管件"，在"属性"选项板中选择需要的管件，在绘图区域所需位置进行放置即可，如图 2-2-48 所示。

图 2-2-48　选择管件

②在项目浏览器中，展开"族"→"管件"，直接用拖拽的方式把管件拖到绘图区域所需位置进行放置。

另外，管帽的放置方式和其他自动加载的管件有所不同，在绘制过程中，软件无法识别该管道是否需要添加管帽或者保持开放，所以需要进行手动添加。快速添加管帽的步骤如下：首先选择需要添加管帽的管道，然后选择"修改丨管道"→"管帽开放端点"进行布置，如图 2-2-49 所示。

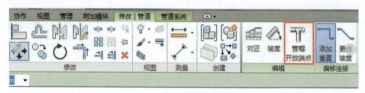

图 2-2-49　手动添加管帽

（4）编辑管件

在绘图区域中单击某一管件后，管件周围会显示一组管件控制柄，可用于修改管件尺寸、调整管件方向、进行升级或降级，如图 2-2-50 所示。

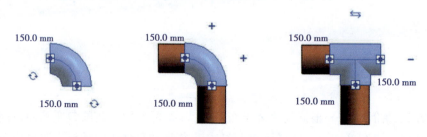

图 2-2-50　编辑管件

①单击选择" ⇔ "符号，可以实现管件水平或垂直旋转180°。

②单击选择" ↻ "符号，可以旋转管件（注意：当管件连接管道后，该符号不再出现）。

③如果管件旁边出现"+"符号，表示可以升级该管件。例如，弯头可以升级为 T 形三通，T 形三通可以升级为四通。

④如果管件的旁边出现"−"符号，表示可以降级该管件。例如，带有未使用连接件的四通可以降级为 T 形三通，带有未使用连接件的 T 形三通可以降级为弯头。如果管件上有多个未使用的连接件，则不会显示"−"符号。

【任务总结】

本任务根据某食堂给排水工程图纸要求,创建了生活给排水系统,消火栓系统,自动喷淋灭火系统干管、立管、支管,布置并连接了所有卫浴装置、消火栓箱、喷头等,布置了所有系统阀门等管路附件,完成了该项目负一层给排水模型创建。

【课后任务】

一、单选题

1.设高位水箱给水时,为防止水箱的水回流至室外管网,在进入室内的引入管应设置(　　)。

　　A.止回阀　　　　　B.截止阀　　　　　C.蝶阀　　　　　D.闸阀

2.室内消火栓系统的用水量是(　　)。

　　A.保证着火时建筑内部所有消火栓均能出水

　　B.保证两支水枪同时出水的水量

　　C.保证同时使用水枪数和每支水枪用水量的乘积

　　D.保证上下三层消火栓用水量

3.室内消火栓栓口距地板面的高度为(　　)。

　　A.0.8 m　　　　　B.1.0 m　　　　　C.1.1 m　　　　　D.1.2 m

4.无缝钢管、焊接钢管(直缝或螺旋缝)等管材,管径宜用(　　)表示。

　　A.公称直径 DN　　B.外径 D×壁厚　　C.管内径 d　　D.管外径 D

二、多选题

1.水泵接合器的类型有以下(　　)几种。

　　A.地上式　　　　　B.地下式　　　　　C.半地下式　　　　　D.墙壁式　　　　　E.户内式

2.给排水专业建模中排水管道不得穿越以下(　　)位置。

　　A.卧室　　　　　　　　　　　　B.生活饮用水池上方

　　C.地下室　　　　　　　　　　　D.食堂

　　E.卫生间

3.包含在"系统"→"卫浴和管道"功能区的命令有(　　)。

　　A.平行管道　　　B.转换为软管　　C.管路附件　　D.卫浴装置　　E.预制零件

4.室外消防栓的类型有(　　)。

　　A.地上式　　　　　B.地下式　　　　　C.直埋式　　　　　D.墙壁式　　　　　E.户内式

5.在卫浴装置族中设置连接件系统分类,可以选择的类型有(　　)。

　　A.干式消防系统　　B.湿式消防系统　　C.家用回水　　　D.通气管　　　E.通水管

6.管线综合设计时,冷、热水管道同时安装应符合下列规定(　　)。

　　A.上、下平行安装时热水管应在冷水管道上方

　　B.上、下平行安装时热水管应在冷水管道下方

　　C.垂直平行安装时热水管应在冷水管左侧

D. 垂直平行安装时热水管应在冷水管右侧

7. 管线综合设计时,当管线竖向位置发生矛盾时,应按下列规定处理(　　)。

A. 分支管线宜避让主干管线　　　　　B. 小管径管线宜避让大管径管线

C. 易弯曲管线宜避让不易弯曲管线　　D. 压力管线宜避让重力流管线

三、填空题

1. 地下埋设的给水管道与中压煤气管道间的最小水平净距为_____。

2. 创建消防水系统模型时,室内消火栓的安装高度为_____。

3. 管线综合设计时,室内给水管道与排水管道平行敷设时,两管间的最小水平净距不得小于_____。

4. 在创建喷淋系统的过程中,软件依据_____自动生成管件。

项目 3 电气项目创建

任务 1 电气样板文件的创建

《电气装置安装工程电缆线路施工及验收标准》(GB 50 168—2018)

【任务信息】

本项目为某机房电气工程,涉及电气设备和桥架。其中,桥架种类和规格较多,包含电源桥架、网络桥架、通信桥架、布线桥架、弱电桥架等多种类型。桥架规格包含 400×100,200×100,100×100 等多种规格,如图 3-1-1 所示。

为了提高电气模型创建工作的效率,统一建模和出图标准,按照电气专业建模特点、出图标准等进行"电气专业样板文件"的创建,为电气模型创建提供一个预设的工作环境。

本任务为:在项目 1 完成的"通用样板"的基础上,创建"电气样板"。

《建筑电气工程施工质量验收规范(GB 50 303—2015)》

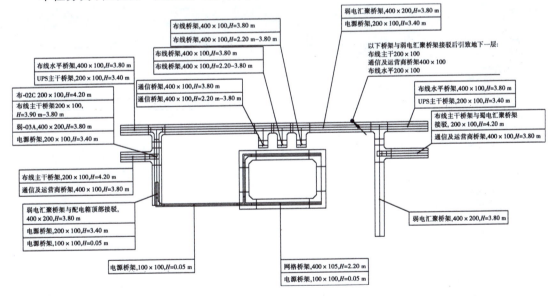

图 3-1-1 某机房电气平面图

【任务分析】

电气样板文件的创建包括电气设置、线宽设置、电缆桥架设置、过滤器设置等。识读图纸可知,本任务包含配电柜和机柜两种设备,包含多种强弱电桥架。根据图纸信息按照制图标准和设计要求确定统一的系统名称和工作集名称,见表 3-1-1。

表 3-1-1　系统名称和工作集名称

序号	系统名称	工作集名称	序号	系统名称	工作集名称
1	布线水平桥架	弱电	6	通信及运营商桥架	弱电
2	UPS 主干桥架	弱电	7	弱电汇聚桥架	弱电
3	布-02C	弱电	8	网络桥架	弱电
4	弱-03A	弱电	9	布线主干桥架	弱电
5	电源桥架	强电	10	通信桥架	弱电

【任务实施】

1)电气设置

依次单击"管理"→"MEP 设置"→"电气设置",弹出"电气设置"对话框,如图 3-1-2 所示。

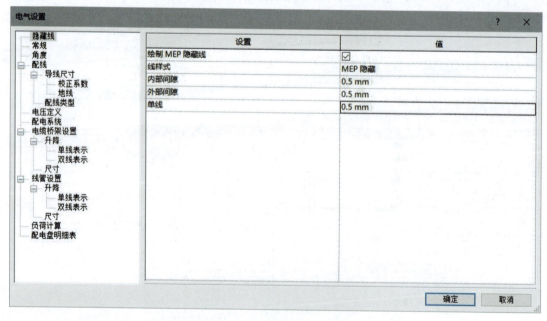

图 3-1-2　"电气设置"对话框

(1)隐藏线设置

在"隐藏线"窗格中设置如下内容:

①绘制 MEP 隐藏线设置：是否按照隐藏线所指定的线样式和间隙来绘制电缆桥架和线管。

②线样式设置：指桥架段交叉点处隐藏段的线样式。

③内部间隙设置：指在交叉段内部显示的线的间隙。

④外部间隙设置：指在交叉段外部显示的线的间隙。

⑤单线设置：指在段交叉位置处单隐藏线的间隙。

（2）**角度设置**

"角度"窗格设置为在添加或修改电缆桥架或线管时要使用的管件角度，如图 3-1-3 所示。

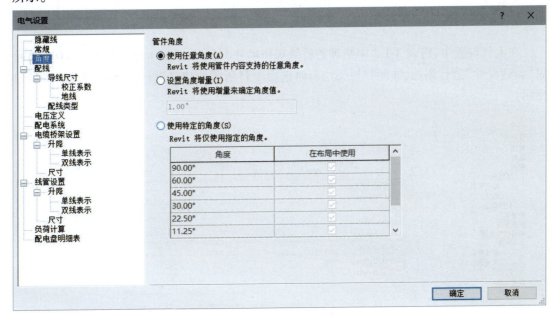

图 3-1-3　电气角度设置对话框

（3）**电缆桥架设置**

①升降设置。

a.电缆桥架升/降注释尺寸：指在单线视图中绘制的升/降符号的打印尺寸，无论图纸比例为多少，该尺寸始终保持不变。

b.单线表示：指在单线视图中使用的升符号和降符号。

c.双线表示：指在双线视图中使用的升符号和降符号。

②尺寸设置。

根据项目桥架尺寸，添加、修改或删除尺寸，可勾选"用于尺寸列表"，指定该尺寸将显示在整个 Revit 内的列表中，包括电缆桥架布局编辑器和电缆桥架修改编辑器。

通过识读图纸，本任务桥架规格整理见表 3-1-2，有 100，105，200，400 4 种尺寸。

表 3-1-2　项目桥架规格整理表

序号	系统名称	尺寸/mm	序号	系统名称	尺寸/mm
1	布线水平桥架	400×100	6	通信及运营商桥架	400×100
		200×100	7	弱电汇聚桥架	400×200
2	UPS 主干桥架	200×100	8	网络桥架	400×105
3	布-02C	200×100	9	布线主干桥架	200×100
4	弱-03A	400×200			400×100
5	电源桥架	200×100	10	通信桥架	400×100
		100×100			

在电气设置中,将表 3-1-2 中整理的桥架规格尺寸 100 mm、105 mm、200 mm、400 mm 通过"新建尺寸"进行添加,才能在桥架绘制时选择项目所需的规格进行绘制,设置如图 3-1-4 所示。

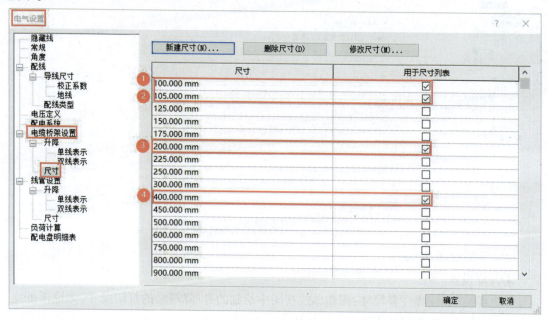

图 3-1-4　"桥架尺寸"设置

2) 线宽设置

依次单击"管理"→"其他设置"→"线宽",弹出"线宽"对话框。线宽应由建筑专业(或某专业)统筹考虑设置,各个线宽号对应不同的线宽。各专业只需选择相应的线宽号即可(线宽设置会影响各专业的显示表达,包括图框等),如图 3-1-5 所示。

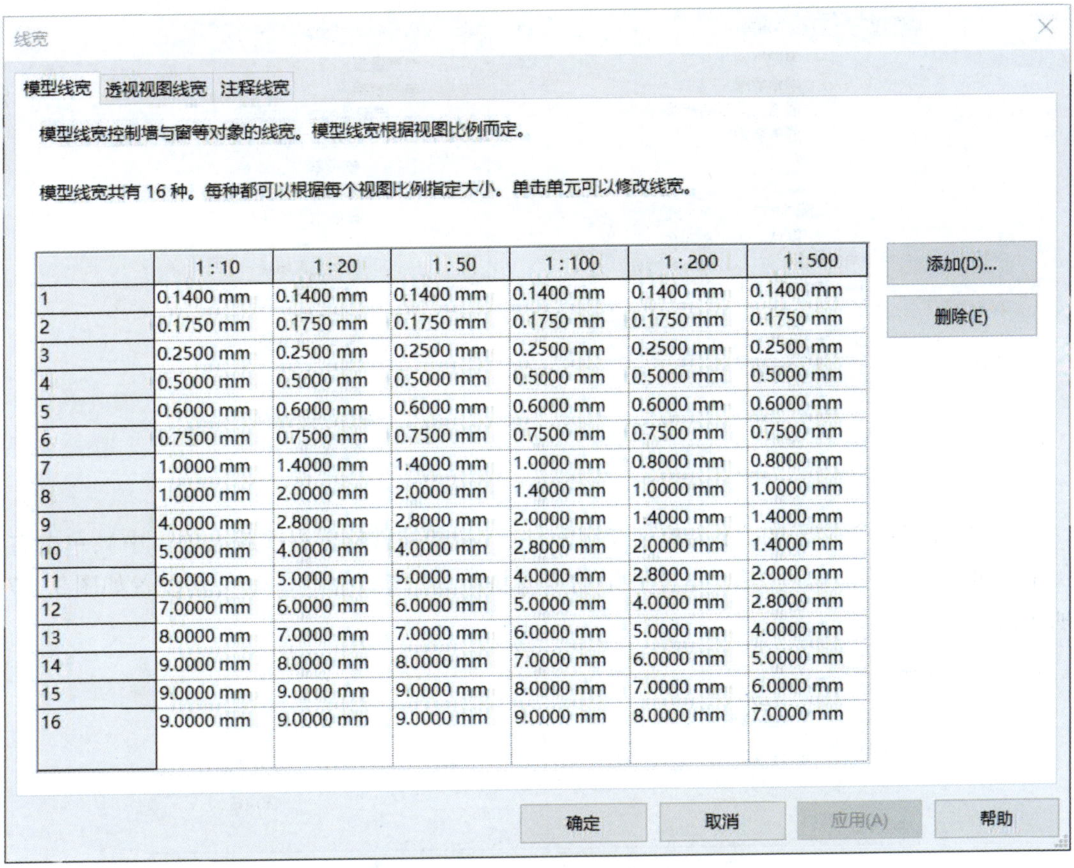

	1:10	1:20	1:50	1:100	1:200	1:500
1	0.1400 mm	0.1400 mm	0.1400 mm	0.1400 mm	0.1400 mm	0.1400 mm
2	0.1750 mm	0.1750 mm	0.1750 mm	0.1750 mm	0.1750 mm	0.1750 mm
3	0.2500 mm	0.2500 mm	0.2500 mm	0.2500 mm	0.2500 mm	0.2500 mm
4	0.5000 mm	0.5000 mm	0.5000 mm	0.5000 mm	0.5000 mm	0.5000 mm
5	0.6000 mm	0.6000 mm	0.6000 mm	0.6000 mm	0.6000 mm	0.6000 mm
6	0.7500 mm	0.7500 mm	0.7500 mm	0.7500 mm	0.7500 mm	0.7500 mm
7	1.0000 mm	1.4000 mm	1.4000 mm	1.0000 mm	0.8000 mm	0.8000 mm
8	1.0000 mm	2.0000 mm	2.0000 mm	1.4000 mm	1.0000 mm	1.0000 mm
9	4.0000 mm	2.8000 mm	2.8000 mm	2.0000 mm	1.4000 mm	1.4000 mm
10	5.0000 mm	4.0000 mm	4.0000 mm	2.8000 mm	2.0000 mm	1.4000 mm
11	6.0000 mm	5.0000 mm	5.0000 mm	4.0000 mm	2.8000 mm	2.0000 mm
12	7.0000 mm	6.0000 mm	6.0000 mm	5.0000 mm	4.0000 mm	2.8000 mm
13	8.0000 mm	7.0000 mm	7.0000 mm	6.0000 mm	5.0000 mm	4.0000 mm
14	9.0000 mm	8.0000 mm	8.0000 mm	7.0000 mm	6.0000 mm	5.0000 mm
15	9.0000 mm	9.0000 mm	9.0000 mm	8.0000 mm	7.0000 mm	6.0000 mm
16	9.0000 mm	9.0000 mm	9.0000 mm	9.0000 mm	8.0000 mm	7.0000 mm

图 3-1-5　“线宽”设置

3)桥架和配件设置

(1)电缆桥架类型设置

Revit 中自带的电缆桥架有“带配件”和“无配件”两种类型,含梯形和槽形两种电缆桥架形状。在绘制电缆桥架时,需确保“可见性/图形(快捷键“VV”)”中电缆桥架已设置为可见。

识读图纸,本任务中的桥架为带配件槽式桥架。在“项目浏览器”下拉列表窗口中,选择“族”并单击“+”符号展开下拉列表,选择“电缆桥架”,选择“带配件的电缆桥架”选项,选择系统自带桥架选项,使用鼠标右键单击“默认”,选择“复制”生成“默认 2”。根据本项目桥架名称将其重命名为“电源桥架”,使用同样的方法,可以对“UPS 主干桥架”“弱电汇聚桥架”“网络桥架”等分别进行创建,完成后如图 3-1-6 所示。

(2)桥架配件设置

以“电源桥架”为例,双击项目浏览器中的“族”下“电源桥架”,在弹出的“类型属性”对话框中进行设置。可以对其电气、管件、标识数据等参数进行设置,还可以通过单击“复制”按钮创建以该类型为模板的其他类型的电缆桥架,效果与在“项目浏览器”下拉列表窗口中创建是一样的。

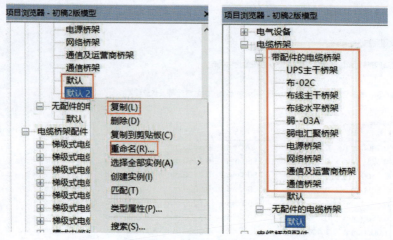

图 3-1-6 "电缆桥架类型"设置

在"类型参数"→"管件"下为桥架指定配件族(桥架配件族需提前载入项目中),单击右侧下拉框进行选择。识读图纸,本任务中的电源桥架为"槽式强电桥架",其设置如图 3-1-7 所示。

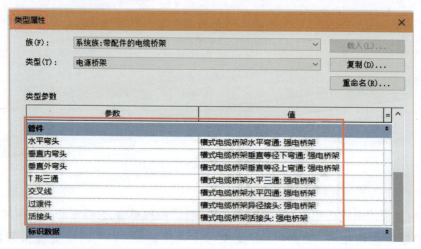

图 3-1-7 "桥架管件"设置

4)过滤器设置

(1)确定过滤参数

过滤器设置的原理是根据某个过滤条件进行筛选的,且过滤条件是筛选对象的唯一参数。常用过滤条件,如图 3-1-8 所示。

以"电源桥架"的过滤器设置为例,双击项目浏览器中的"族"→"电缆桥架"→"电源桥架",弹出"类型属性"对话框,在类型参数下的文字(GT Type、类型名称、类型)、标识数据(类型图像、注释记号、型号、制造商等)类别参数中确定"类型名称"为桥架的过滤条件,在"值"中输入"电源桥架",如图 3-1-9 所示。各桥架的"类型名称"均须不同,才能够正确过滤各类桥架。可以在设置时将类型名称的"值"与族的桥架类型名称一一对应,以保持桥架名称的唯一性。

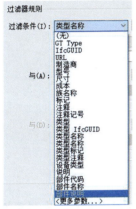

图 3-1-8 　常用过滤条件　　　　　　图 3-1-9 　桥架类型名称输入

（2）视图样板过滤器设置

打开"可见性/图形替换"对话框,选择"过滤器"选项卡,单击"编辑/新建",弹出"过滤器"设置对话框,新建或者重命名过滤器名称"【电气】电源桥架",在"类别"中勾选"电缆桥架"和"电缆桥架配件",在"过滤条件"中选择"类型名称""等于""电源桥架",单击"确定"按钮,再单击"添加"按钮,将设置好的过滤器全部添加到该视图样板下的过滤器内,如图3-1-10 所示。

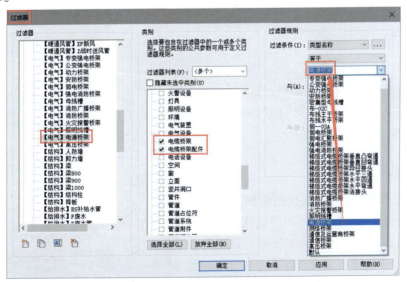

图 3-1-10 　视图样板过滤器设置

重复以上步骤,完成所有桥架过滤器的设置,如图 3-1-11 所示。

名称	可见性
【给排水】Z中水	☑
【给排水】YF废水	☑
【电气】电源桥架	☑
【电气】布线水平桥架	☑
【电气】布-02C	☑
【电气】UPS主干桥架	☑
【电气】网络桥架	☑
【电气】通信及运营商桥架	☑
【电气】布线主干桥架	☑
【电气】通信桥架	☑
【电气】弱-03A	☑
【电气】弱电汇聚桥架	☑
【结构】人防墙	☑

楼层平面: B1机电综合 建模-E的可见性/图形替换

模型类别　注释类别　分析模型类别　导入的类别　过滤器

图 3-1-11　本任务桥架过滤器名称

(3) 系统颜色设置

因各专业均分开出图,可以不考虑与其他专业颜色重复,根据项目出图时对线型颜色的要求,将"线"颜色替换为项目要求的颜色,如图 3-1-12 所示。

名称	可见性	投影/表面		
		线	填充图案	透明度
【电气】电源桥架	☑			
【电气】布线水平桥架	☑			
【电气】布-02C	☑			
【电气】UPS主干桥架	☑			
【电气】网络桥架	☑			
【电气】通信及运营商桥架	☑			
【电气】布线主干桥架	☑			
【电气】通信桥架	☑			
【电气】弱-03A	☑			
【电气】弱电汇聚桥架	☑			

图 3-1-12　桥架系统颜色设置

(4) 指定视图样板

打开"指定视图样板"对话框,选择"【平面】电气",单击"V/G 替换过滤器"的"编辑",勾选该视图过滤器,其他设置类似。

【任务总结】

经过以上设置,完成电气模型创建前的准备工作,将样板另存为样板文件,以便后续修改和再次使用,如图 3-1-13 和图 3-1-14 所示。设置符合项目特点和要求的样板文件是提高工作效率的关键步骤,对后续的模型应用也非常重要。

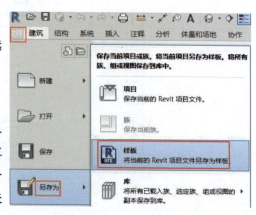

图 3-1-13　另存为"样板"

图 3-1-14　另存为"样板"文件命名及保存

【课后任务】

一、电气样板文件创建

根据下方某机房的电气图纸,进行电气样板文件的创建实践,完成后另存为样板文件。

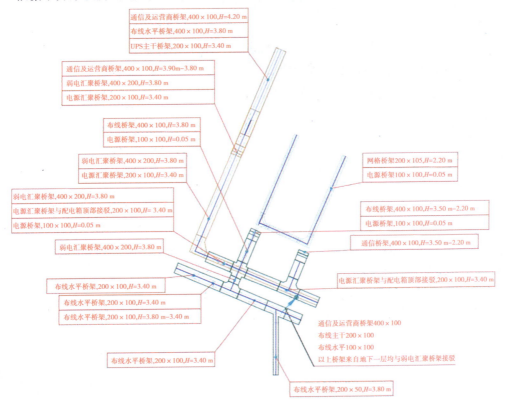

图 3-1-15　某机房电气平面图

二、单选题

1.导线型号 BV 的含义是(　　　)。

A.铜芯塑料线　　　　　B.铝芯塑料线　　　　　C.铜芯橡皮线　　　　　D.铝芯橡皮线

2.在建筑内的电气照明线路中,蓝色线代表(　　　)。

A.控制线　　　　　　　B.中线　　　　　　　　C.保护线　　　　　　　D.相线

3.导线型号 BLV 的含义是(　　　)。

A.铜芯塑料线　　　　　B.铝芯塑料线　　　　　C.铜芯橡皮线　　　　　D.铝芯橡皮线

三、多选题

1.在系统浏览器列设置中,以下可以在电气列中勾选显示的是(　　　)。

A.系统类型　　　　　B.系统名称　　　　　C.配电系统

D.长度　　　　　　　E.尺寸

2.下列明细表字段不支持过滤的是(　　　)。

A.族　　　　　　　　B.类型　　　　　　　C.系统类型

D.材质参数　　　　　E.型号

3.在绘制 Revit 电气模型时,会导入 CAD 底图,下列哪些选项是在导入底图时必须设置的(　　　)。

A.颜色　　　　　　　B.定位　　　　　　　C.图层/标高

D.导入单位　　　　　E.是否勾选"仅当前视图"

四、填空题

1.在建筑内的电气照明线路中,红色线代表_____。

2.电气设备由_____和变压器组成。

3.防雷及接地装置可以利用建筑物的梁、柱、板内的钢筋作为_____。

任务2　电气模型创建

【任务信息】

本任务所涉及的专业有建筑专业和电气专业。模型创建深度为完成一个机房所有的机柜、配电柜的布置,强弱电桥架的创建,标注机柜、配电柜及桥架的名称、安装高度等。前期工作已完成建筑模型创建、通用样板创建和电气样板创建。

本任务为:根据图 3-2-1 的信息,进行机房电气模型的创建。

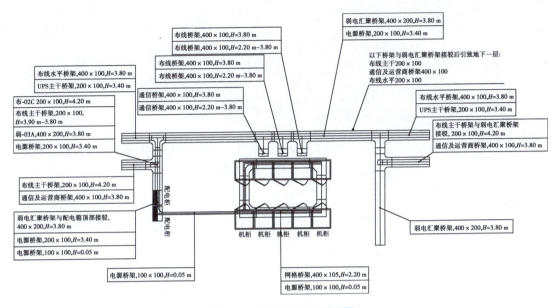

图 3-2-1 某机房电气平面图

【任务分析】

本任务包含的设备有配电柜和机柜两种,均为落地安装。本任务包含强电和弱电桥架,强电桥架类型 1 种,弱电桥架类型 9 种,分为 5 层布置,高度由低到高分别为 0.05,2.2,3.4,3.8,4.2 m,桥架竖直向下与配电箱顶部接驳,各桥架高度整理见表 3-2-1。

表 3-2-1 各桥架高度整理表

序号	系统名称	安装高度/m	序号	系统名称	安装高度/m
1	布线水平桥架	3.8	6	通信及运营商桥架	3.8
2	UPS 主干桥架	3.4	7	弱电汇聚桥架	3.8
3	布-02C	4.2	8	网络桥架	2.2
4	弱-03A	3.8	9	布线主干桥架	4.2
5	电源桥架	3.4/0.05	10	通信桥架	3.8

【任务实施】

1) 链接或导入 CAD 图纸

在机房所在 1F 楼层视图中,链接或导入机房 1F 电气桥架 CAD 图纸,单击"缩放全部以匹配"调整图纸在绘图界面范围内可见,并检查图纸完整性。

2) 创建轴网

识图图纸,根据机房的墙体位置创建轴网,南北尺寸为 10 034 mm,东西尺寸为 5 539 mm,创建好的轴网如图 3-2-2 所示(轴网具体创建方法见暖通部分)。

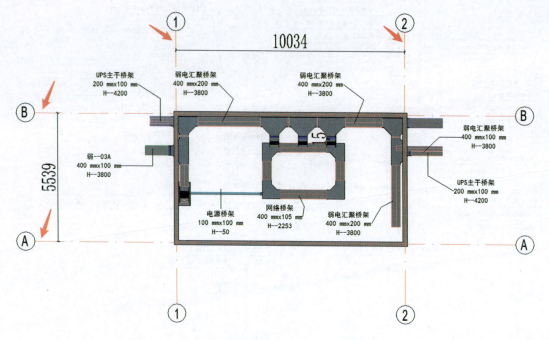

图 3-2-2　根据机房的墙体位置创建轴网

3）创建标高

识读图纸可知,本机房的层高为 5.2 m,创建好的标高如图 3-2-3 所示(标高具体创建方法见暖通部分)。

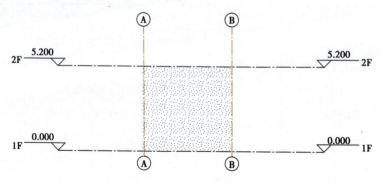

图 3-2-3　创建机房标高

4）连接建筑和结构模型

本机房内建筑和结构模型中不包含梁和柱,仅涉及墙、板、门和窗,连接建筑模型后的机房如图 3-2-4 所示(具体连接方法见暖通部分)。

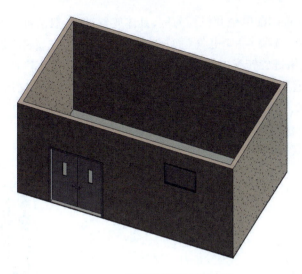

图 3-2-4　连接建筑和结构模型

5) 布置电气设备

Revit 中的设备分为电气设备、设备和照明设备,本任务中的配电柜和机柜属于电气设备,均落地安装,平面布置如图 3-2-5 所示。若设备族是非基于主体的构件,可以放置在视图中的任意位置。若设备族是基于主体的构件,则必须依附在墙体或者楼板放置,需在放置前选择"放置在面上"或者"放置在工作面上",如图 3-2-6 所示。

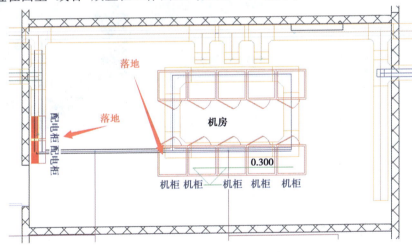

图 3-2-5　配电柜和机柜落地布置

图 3-2-6　选择放置在面上

以非基于主体放置的配电柜和机柜为例,具体放置过程:双击进入"1F 机房电气",楼层平面视图,单击"系统"选项卡→"电气"面板→"电气设备",在属性"类型选择器"中,选择"落地配电柜",按空格键旋转配电箱,在"属性"→"约束"→"标高"选择"1F","偏移"输入"0"。单击"编辑类型",在弹出的"类型属性"对话框中设置"尺寸标注",识图图纸,机柜的尺寸为:"宽度"1 000,"高度"1 800,"深度"500。然后在底图配电柜处放置图元,如图 3-2-7 所示。机柜的放置方法与配电柜相同,完成后如图 3-2-8 所示。

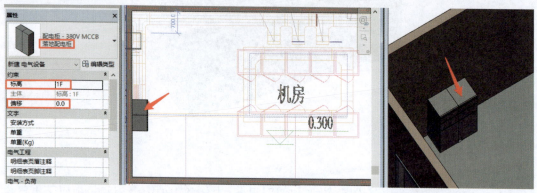

图 3-2-7　放置配电柜

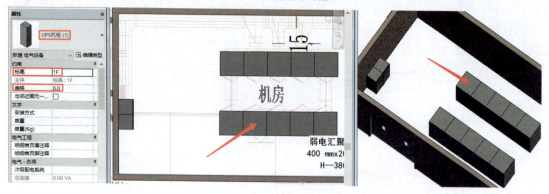

图 3-2-8　放置机柜

6)绘制桥架

(1)绘制水平桥架

本任务机房桥架分为 5 层布置,可以按照由低到高(或者由高到低)的顺序绘制,绘制顺序整理见表 3-2-2。

表 3-2-2　桥架绘制顺序整理表

高度/m	桥架名称
0.05	电源桥架
2.2	网络桥架
3.4	电源桥架
	UPS 主干桥架

续表

高度/m	桥架名称
3.8	布线水平桥架
	弱-03A
	通信及运营商桥架
	弱电汇聚桥架
	通信桥架
4.2	布-02C
	布线主干桥架

进入"系统"选项卡,选择"电缆桥架"选项中的"电气"面板,进入"电缆桥架"绘制模式。绘制第一层 0.05 m 高度的电源桥架,桥架绘制范围如图 3-2-9 所示的剪头所指。识读机房图纸,明确电缆桥架安装的相关信息如图 3-2-10 所示,桥架类型为"电源桥架",桥架宽度为 100 mm,桥架高度为 100 mm,桥架底部标高为 0.05 m(即 50 mm)。

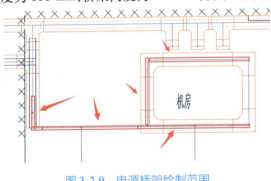

图 3-2-9 电源桥架绘制范围

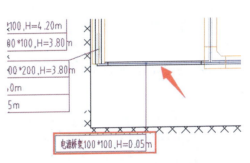

图 3-2-10 电源桥架图纸信息

在电缆桥架"属性"选项板中选择"电源桥架",在"修改丨放置 电缆桥架"选项栏"宽度"下拉列表中设置"高度"100 mm,"宽度"100 mm,如图 3-2-11 所示。

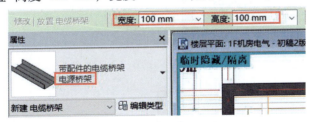

图 3-2-11 桥架基本属性设置

在"属性"选项板中"约束"下"水平对正"下拉框中选择"中心","垂直对正"下拉框选择"底","参照标高"选择"1F",在"修改丨放置 电缆桥架"选项栏"偏移"选项中输入 50,默认单位为 mm。

下面分别解释"约束"条件中"水平对正""垂直对正""偏移"的绘制效果。这里以宽度不同的桥架绘制为例。

水平对正：在平面图中延着水平桥架绘制的前进方向，桥架相对于中心线以"中心""左""右"的方式生成，效果如图 3-2-12 所示。

图 3-2-12　水平对正的 3 种形式

垂直对正和偏移：在平面图和剖面图中均可以绘制，输入相同"偏移"量，选择"中心""底""顶"的效果，如图 3-2-13 所示。在实际施工中，桥架配件形式更适合于"水平对正"的"中心"，为了支架安装便捷，桥架底部应保持统一高度，"垂直对正"选择"底"。

需要注意的是：选择"中心"绘制前"偏移"量输入桥架中心标高，生成的桥架"偏移"量为中心标高不变；选择"底"绘制前"偏移"量输入桥架底部标高，生成的桥架"偏移"量软件自动调整为桥架中心的标高加桥架高度的一半；选择"顶"绘制前"偏移"输入桥架顶部标高，生成的桥架"偏移"量软件自动调整为桥架中心的标高减桥架高度的一半。

图 3-2-13　垂直对正的 3 种形式

本任务电源桥架的相关设置，如图 3-2-14 所示，接下来将鼠标指针移至绘图区域，单击鼠标指针指定电缆桥架起点，移动至终点位置再次单击，完成一段电缆桥架的绘制，所有电源桥架绘制完成后，如图 3-2-15 所示。若配电柜和机柜遮挡住底图，可以将其图元隐藏后再绘制。

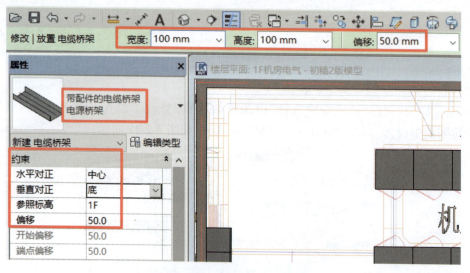

图 3-2-14　电源桥架的相关设置

绘制第二层 2.2 m 高度的网络桥架，设置如图 3-2-16 所示。在绘制过程中，若两段水平的桥架距离较近则无法进行连接，情形如图 3-2-17 所示的黄色高亮部分。原因为桥架配件（此处为弯头）没有足够的生成空间，软件会提示"找不到自动布线解决方案"，如图 3-2-17 所示，解决方法为将桥架连接处的空间距离扩大后继续绘制，效果如图 3-2-18 和图 3-2-19 所示。

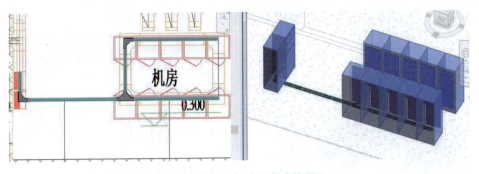

图 3-2-15　桥架绘制完成效果

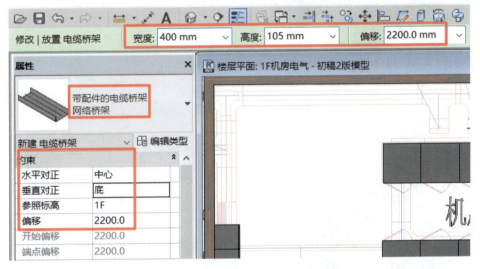

图 3-2-16　网络桥架属性设置

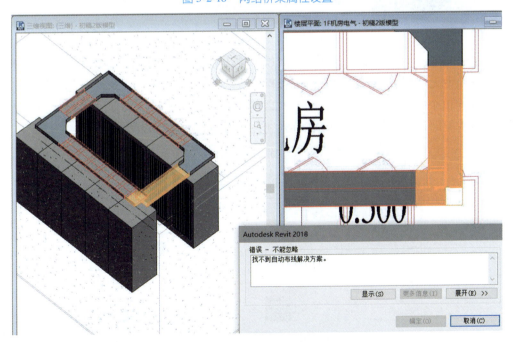

图 3-2-17　桥架无法连接错误提示

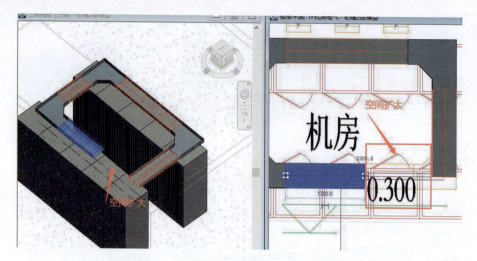

图 3-2-18　扩大桥架间距

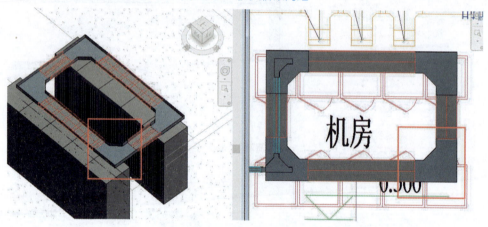

图 3-2-19　绘制完成效果

　　绘制第三层 3.4 m 高度的电源桥架和 UPS 主干桥架,设置如图 3-2-20 所示。当两段桥架绘制过程中无法生成配件时,如图 3-2-21 所示的方框部分,可在"修改"选项卡中,利用"修剪/延伸单个单元"进行连接,如图 3-2-22 所示。首先单击主桥架,再单击垂直于主桥架的另一段桥架即可,如图 3-2-23 所示。第二层桥架绘制完成后的效果,如图 3-2-24 所示。

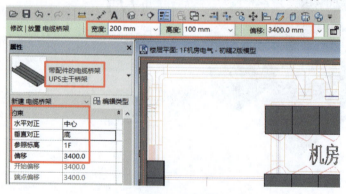

图 3-2-20　UPS 主干桥架属性设置

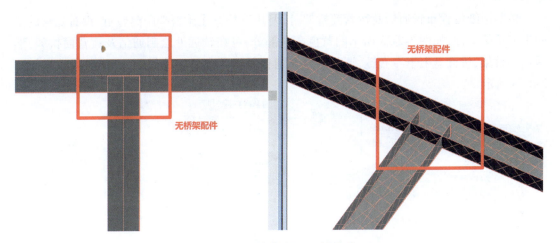

图 3-2-21　桥架间无配件生成

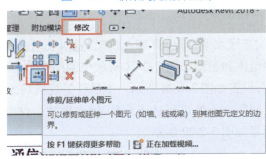

图 3-2-22　选择修剪延伸单个图元

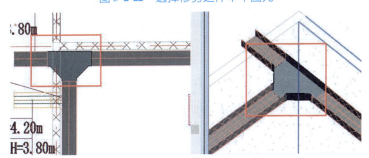

图 3-2-23　生成桥架三通

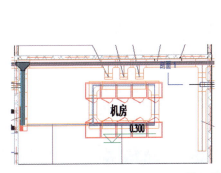

图 3-2-24　第二层桥架绘制完成后的效果

按照图纸位置布置通信及运营商桥架时,因其与 UPS 主干桥架距离较近,没有足够的空间生成桥架配件,如图 3-2-25 所示的黄色高亮部分,可在较远处绘制通信及运营商桥架,然后选中桥架,按键盘上下左右键,调整桥架与通信及运营商桥架的间距,完成后的效果如图 3-2-26 所示。

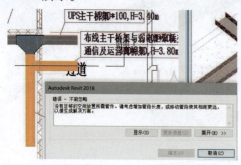

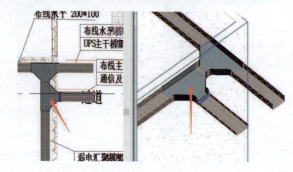

图 3-2-25　没有足够空间错误提示　　　　　　　图 3-2-26　完成后的效果

绘制第四层 3.8 m 的布线水平桥架、弱-03A 桥架、通信及运营商桥架、弱电汇聚桥架和通信桥架 5 种类型,绘制范围和类型如图 3-2-27 所示中的图纸分析。以左侧弱电桥架的端头为起始点,顺时针绘制,设置如图 3-2-28 所示。本层桥架规格均为 400 mm×100 mm,在绘制过程中切换桥架种类,间距交近处进行适当调整,留出桥架配件空间,即可顺利完成本层桥架的绘制,完成后的效果如图 3-2-29 所示。

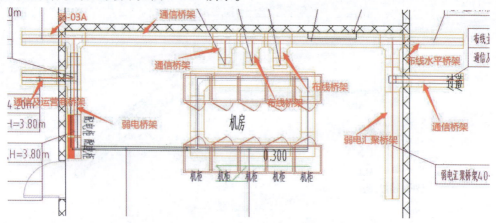

图 3-2-27　绘制范围和类型分析

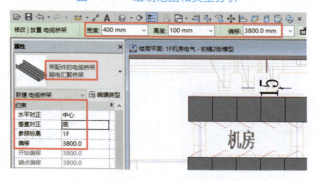

图 3-2-28　桥架属性设置

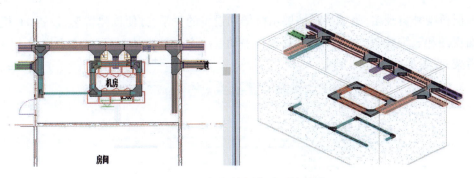

图 3-2-29　桥架绘制完成后的效果

绘制第五层 4.2 m 高度的布-02C 桥架、布线主干桥架的方法同前。机房所有桥架完成后的模型，如图 3-2-30 所示。

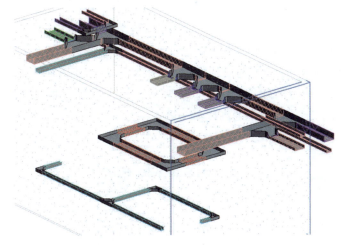

图 3-2-30　机房所有桥架完成后的模型

（2）绘制竖直桥架

首先识读图纸，明确竖直桥架的安装部位。本机房主要有两种类型的竖直桥架：一种是 3.8 m 高的弱电汇聚桥架，与配电柜顶部接驳部分；另一种是 3.8 m 高的通信桥架，与 2.2 m 高的网络桥架竖直连接，图纸信息如图 3-2-31 所示。

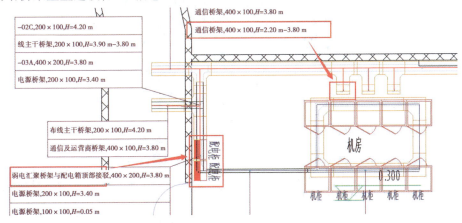

图 3-2-31　图纸信息

本层桥架种类较多,为了清晰地展示桥架和设备的关系,方便创建桥架,设置 1F 机房电气平面视图和三维视图的过滤器,以及配合手动隐藏图元的方法,仅显示 2.2 m 高和 3.8 m 高的桥架,设置如图 3-2-32 所示。

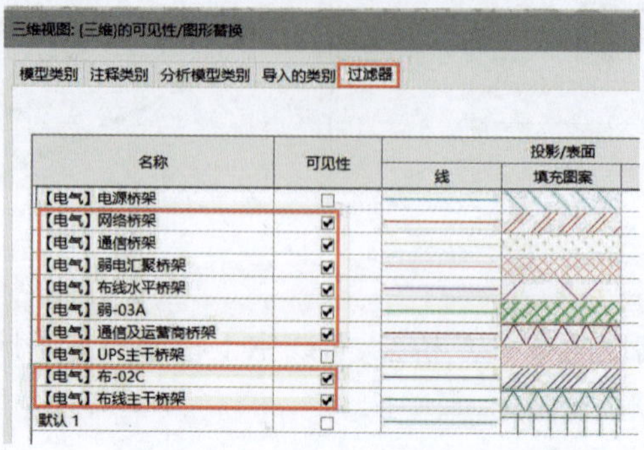

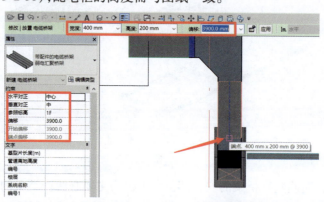

图 3-2-32　桥架过滤器设置

弱电汇聚竖直桥架的设置如图 3-2-33 所示,在水平桥架起始点处单击鼠标(图 3-2-33 中紫色圈处),输入"偏移"量为配电柜顶部标高 1 800 mm(图 3-2-34),双击"应用"按钮,完成竖直桥架的绘制,完成后的效果如图 3-2-35 所示。可选中配电柜,通过"类型属性"查询配电柜的高度(图 3-2-36),配电柜的高度需与图纸一致。

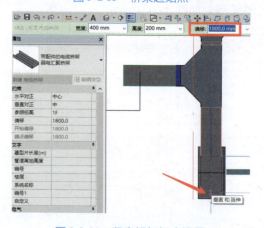

图 3-2-33　桥架起始点

图 3-2-34　竖直桥架标高设置

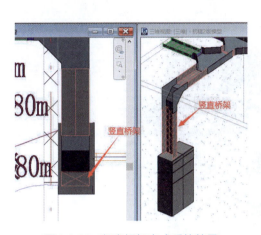

图 3-2-35　竖直桥架完成后的效果　　　　图 3-2-36　桥架尺寸属性查询

通信竖直桥架的绘制,可以直接在平面视图中选中水平桥架,右键单击"夹点",选择"绘制电缆桥架"(图 3-2-37),在"偏移"处输入"2 200",双击"应用"(图 3-2-38),生成竖直桥架。选中竖直桥架,按键盘的上下左右键,调整竖直桥架到 2.2 m 桥架的适当位置,完成后的效果如图 3-2-39 所示。

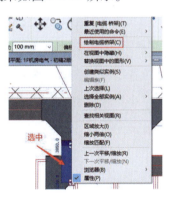

图 3-2-37　在平面图中绘制桥架

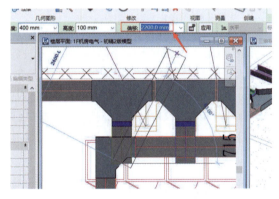

图 3-2-38　桥架偏移值

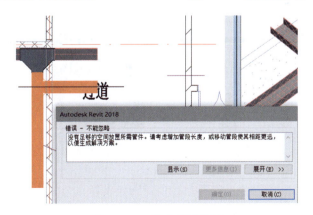

图 3-2-39　完成后的效果

按照以上方法,完成机房所有电气设备和桥架的模型构建,三维模型如图 3-2-40 所示。

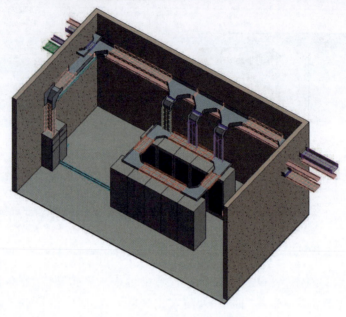

图 3-2-40　机房桥架三维模型

7)电气模型的标注

(1)平面标注

在 1F 机房电气平面视图中,选择"注释"→"按类别标记",用鼠标单击需要标记的桥架,再单击确定"引线转折位置",最后单击文字确定"文字位置",即可完成桥架的标注,如图 3-2-41 所示。若需要修改标注,退出标注状态,双击标注进入标记族编辑环境,选中标记,选择"属性"中的"编辑类型"或者"编辑标签"即可进行修改,如图 3-2-42 所示。

本任务桥架标注后的平面效果,如图 3-2-43 所示。

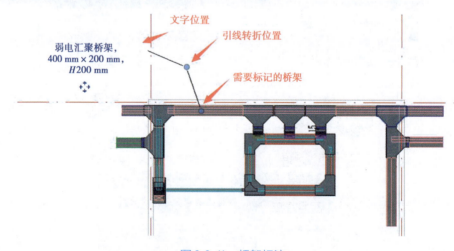

图 3-2-41　桥架标注

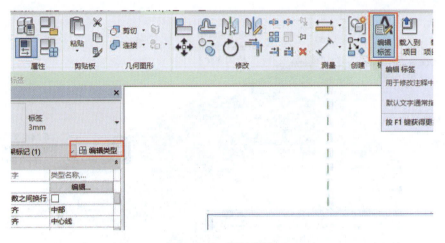

图 3-2-42　标注修改

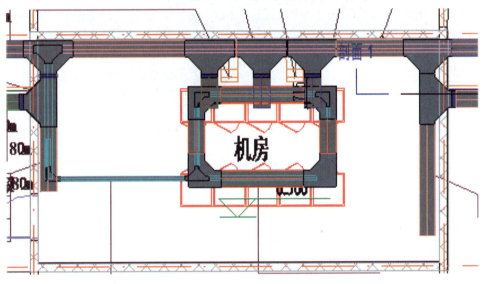

图 3-2-43　本项目桥架标注后的平面效果

（2）三维标注

三维标注的方法同平面视图，但需要先将三维视图锁定后再进行操作，如图 3-2-44 所示。

图 3-2-44　锁定三维视图

【任务总结】

本任务完成了一个机房的强弱电桥架和设备的模型创建，如图 3-2-45 所示。首先需明确建模要求，其次识读电气工程图纸，确定绘制方案，然后按照设计要求通过属性设置等录入构件信息，再进行模型绘制。在模型绘制的过程中，需要使用一定的方法和技巧实现顺利建模，通过三维模型观察建模的合理性。其中，过滤器和隐藏功能能加快模型构建的速度。

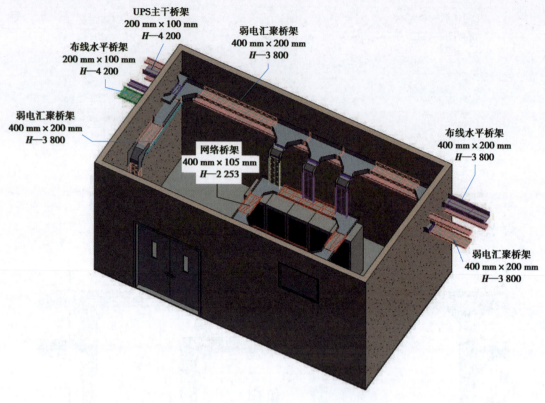

图 3-2-45　机房的强弱电桥架和设备的模型

【课后任务】

一、单选题

1.配电箱、盘、柜的安装位置应正确,且不得安装在(　　)正下方。

A.水管　　　　　　B.梁　　　　　　　C.风管　　　　　　D.任意地方

2.(　　)的电线可以穿在同一金属导管内。

A.不同回路　　　　　　　　　　B.不同电压等级

C.交流与直流　　　　　　　　　D.同一交流回路

3.为了便于穿线,两个线端有 1 个转弯时且两个线端之间的距离超过(　　),应适当加装接线盒或加大管径。

A.30 m　　　　　　B.20 m　　　　　　C.15 m　　　　　　D.8 m

4.照明灯具模型创建步骤是(　　)。

A.单击"系统"命令栏→"电气"选项卡→"照明设备"命令进行灯具布置

B.单击"系统"命令栏→"机械"选项卡→"照明设备"命令进行灯具布置

C.单击"系统"命令栏→"电气"选项卡→"机电工具"命令进行灯具布置

D.单击"系统"命令栏→"电气"选项卡→"电缆桥架"命令进行灯具布置

二、多选题

1. 配电系统的接地形式分为(　　)系统。

A. IT B. IN C. TT D. TN E. NN

2. 低压配电 TN 系统按中心线与保护线的组合情况又分为(　　)系统。

A. IT B. IN-C C. TT D. IN-S E. IN-C-S

3. 在修改、放置电缆桥架时,可对电缆桥架的(　　)进行设置。

A. 宽度 B. 高度 C. 厚度 D. 偏移量 E. 以上都是

4. 在系统浏览器列设置中,以下可以在电气列中勾选显示的是(　　)。

A. 系统类型 B. 尺寸 C. 配电系统 D. 长度 E. 系统名称

三、判断题

1. 绘制电缆桥架时,"对正选择"中"垂直对正"选择_____对正,这样在变径时对电缆或电线施工较为容易。

2. 在电气设备族中设置电气连接件系统分类,可以选择的类型有_____、安全、_____。

3. 管线综合设计时,桥架与水管同侧上下敷设时,宜安装在水管_____;桥架与热水管平行上下敷设时,应敷设在热水管的_____;桥架与蒸汽管平行上下敷设时,应敷设在热水管的_____。

4. 电缆桥架水平敷设时,底边距地高度不宜低于_____。

项目 4 族的创建

在 Autodesk Revit 中有 3 种类型的族,即内建族、系统族和可载入族。可载入族包含建模族和注释族,建模族也称为构件族。

任务 1 内建族的创建

【任务信息】

内建族:在当前任务为专有特殊构件所创建的族,不需要重复利用。

本任务为:根据图 4-1-1 所示的刚性防水套管剖面图的信息,分析其结构特点,创建刚性防水套管内建族模型,要求尺寸精准。

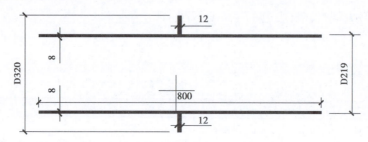

图 4-1-1 刚性防水套管剖面图的信息

【任务分析】

根据刚性防水套管剖面图分析,套管为圆形,外径 219 mm,套管壁厚 8 mm,长度 800 mm。防水翼环外圈直径为 320 mm,厚为 12 mm。可以采用"放样"的方式绕套管中轴线旋转 360°形成,如图 4-1-2 所示。

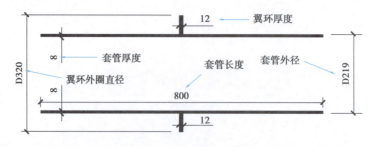

图 4-1-2 刚性防水套管剖面图分析

刚性防水套管剖面图为轴对称图形,根据剖面图绘制一侧剖面各边长度的草图,便于轮廓编辑时连续输入长度值,可有效提高工作效率,如图 4-1-3 所示。

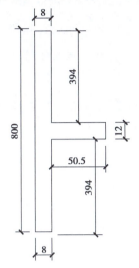

图 4-1-3　套管剖面各边长度的草图

【任务实施】

1) 设置内建族类别

在平面视图中,选择"建筑"选项卡中的"构件"面板下拉列表"内建模型",如图 4-1-4 所示,在弹出的"族类别和族参数"对话框中选择"族类别"为"屋顶",如图 4-1-5 所示,单击"确定"按钮。在弹出的"名称"对话框中输入"刚性防水套管",再单击"确定"按钮,如图 4-1-6 所示,进入创建族编辑模式。

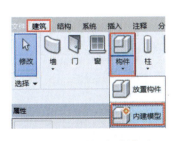

图 4-1-4　选择内建模型　　　　图 4-1-5　族类别屋顶

图 4-1-6　设置族名称

2) 创建内建族

切换到"创建"选项卡,选择"放样",如图 4-1-7 所示,在"修改/放样"中单击"绘制路径",如图 4-1-8 所示,在"绘制"面板中选择"圆形",如图 4-1-9 所示,让套管沿着圆形路径生成。

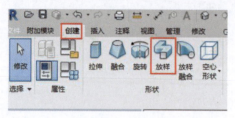

图 4-1-7　放样

图 4-1-8　绘制路径

图 4-1-9　圆形

单击绘图区域内的任意一点作为圆心,松开鼠标移开圆心,输入套管内径的一半(219−8×2)÷2＝101.5 mm,输入完后按回车键,效果如图 4-1-10 所示。

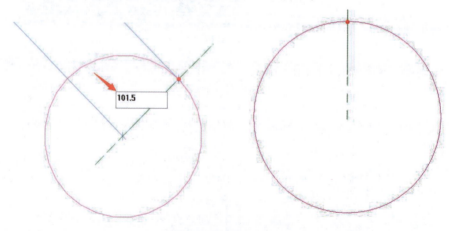

图 4-1-10　绘制圆

单击"修改｜放样>绘制路径""模式"下的"√"按钮,如图 4-1-11 所示,完成圆形路径的绘制。在"修改｜放样"的"放样"面板中选择"编辑轮廓",如图 4-1-12 所示,在弹出的"转到视图"对话框中选择"立面:东立面",单击"打开视图",如图 4-1-13 所示,进入编辑轮廊界面,可以看到绿色十字虚线和红色中心原点,如图 4-1-14 所示。

图 4-1-11　"√"按钮

图 4-1-12　编辑轮廓

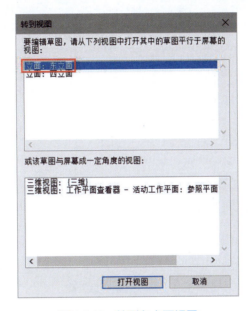

图 4-1-13　转到东立面视图

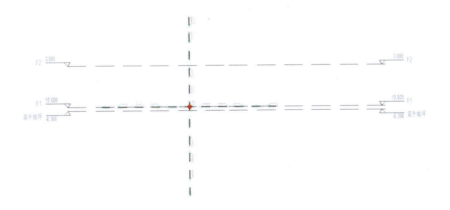

图 4-1-14　轮廓编辑界面

以图中红心圆点为起始点,按照图 4-1-14 所示的草图尺寸绘制套管剖面轮廓,分别输入 400,8,394,50.5,12,50.5,394,400,最后回到红心圆点,完成轮廓绘制,其过程如图 4-1-15 和图 4-1-16 所示。完成后单击 3 次绿色剪头,完成族的创建,其过程如图 4-1-17 所示。

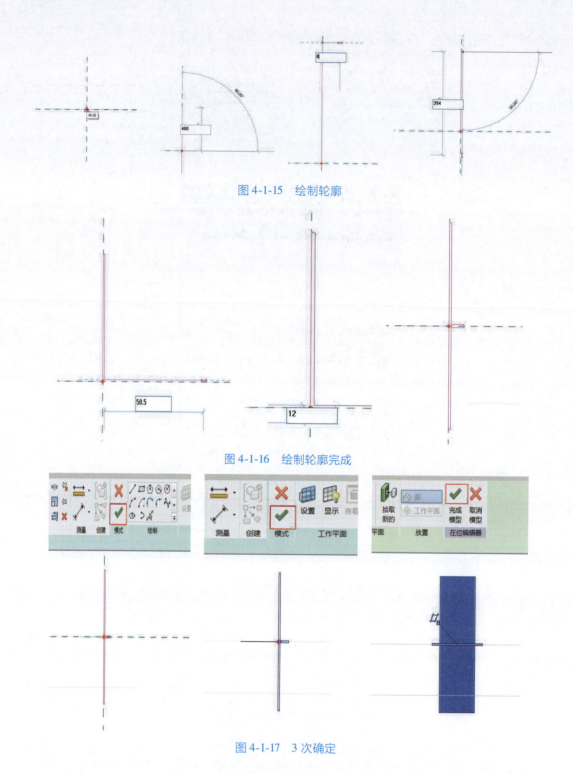

图 4-1-15　绘制轮廓

图 4-1-16　绘制轮廓完成

图 4-1-17　3 次确定

【任务总结】

本任务完成了刚性防水套管的内建族创建,通过分析套管形状特点,确定创建族形状的方式(拉伸、融合、旋转、放样、放样融合、空心形状等)。通过绘制剖面轮廓尺寸草图,快速完成三维模型创建,完成后的效果如图 4-1-18 所示。

图 4-1-18　刚性防水套管三维模型

【课后任务】

一、创建柔性防水套管内建族

根据如图 4-1-19 所示的柔性防水套管剖面图,创建其内建族。要求:绘制草图、尺寸精准,选用的形状方式合理。

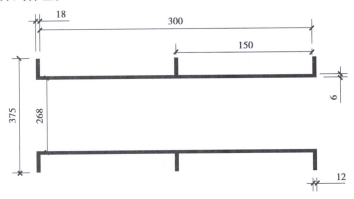

图 4-1-19　柔性防水套管剖面图

二、单选题

1. 下列不属于 Revit 族创建方式的是(　　　)。

A. 旋转　　　　　　B. 拉伸　　　　　　C. 放样　　　　　　D. 阵列

2. (　　　)是用来创建内建族的实体形状。

A. 内建模型　　　B. 固定模型　　　C. 系统模型　　　　D. 结构模型

3. 在当前项目为专有的特殊构件所创建的族称为(　　　)。

A. 系统族　　　　B. 内建族　　　　C. 外部族　　　　　D. 可载入族

三、多选题

1. 下列关于"管理"选项卡各按键的描述中,正确的是(　　　)。

A. 通过"传递项目标准"可以将在 MEP 中修改的设置应用到另一个项目

B. 通过"项目单位"可以更改项目中的表示单位

C. 通过"清除未使用项"可以从项目中删除所有的族和类型

D. 通过"捕捉"可以设置不同的捕捉对象,如交点、端点、垂足等

2. 卫浴等设备都是 Revit 的"族",关于"族"类型,以下分类错误的是(　　　)。

A. 系统族、内建族、可载入族　　　　B. 内建族、外部族

C. 内建族、可载入族　　　　　　　　D. 系统族、外部族

3. 选用预先做好的体量族,以下错误的是(　　　)。

A. 使用"创建体量"命令　　　　　　B. 使用"放置体量"命令

C. 使用"构件"命令　　　　　　　　D. 使用"导入/链接"命令

四、判断题

1. 标高、轴网、图纸和视口类型的项目及系统设置也是系统族。　　　　　(　　　)

2. 如有必要,可以将内建族复制和粘贴到其他项目,或将它们作为组保存并载入其他项目中。　　　　　(　　　)

3. 内建族不能保存为单独的".rfa"格式的族文件,但 Revit 允许用户通过复制内建族类型来创建新的族类型。　　　　　(　　　)

任务 2　系统族的创建

【任务信息】

创建一个电源桥架的系统族,桥架名称为"电源桥架",形式为槽式桥架,桥架宽为 400 mm,高为 200 mm。

【任务分析】

Revit 系统族用于创建基本图元(如风管、管道、桥架等)的族类型,如图 4-2-1 所示,是 Revit 环境的一部分。系统族还包含标高、轴网、图纸和视口类型的项目及系统设置,如"管道系统"下软件自带的 11 类系统,不能删除,如图 4-2-2 所示。

图 4-2-1　族类型

系统族已在 Revit 中预定义且保存在样板和项目中,不是从外部文件中载入样板和项目中的。不能创建、复制、修改或删除系统族,但可以复制和修改系统族中的类型,也可以在项目和样板之间复制和粘贴或者传递系统族类型。系统族中必须保留一个系统族类型,如图 4-2-3 所示,才可以创建新系统族类型,也可以删除其他系统族类型。

图 4-2-2　系统自带的十一类管道系统

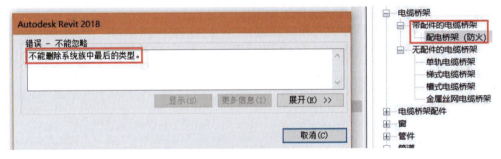

图 4-2-3　不可删除提示

【任务实施】

1) 创建桥架类型族

进入任意平面视图,在"系统"选项卡中,选择"电缆桥架",如图 4-2-4 所示。在"属性"选项卡中单击"编辑类型"按钮,弹出"类型属性"对话框。所有系统族的"族"名称均会以"系统族:×××"形式命名。单击"复制"按钮,创建一个新的桥架类型,在弹出的"名称"对话框中输入"电源桥架",如图 4-2-5 所示,单击"确定"按钮,完成创建。

图 4-2-4　选择电缆桥架

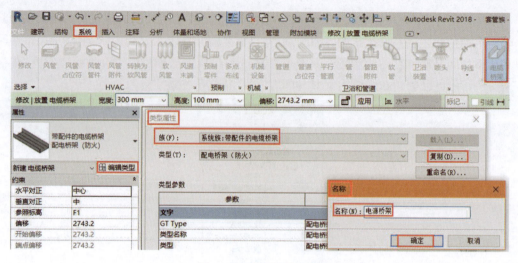

图 4-2-5　类型属性设置

2）设置桥架类型参数

在"类型属性"对话框中，将"类型参数"→"文字"参数下的"类型名称"改为"电源桥架"。在"管件"参数下按照要求设置桥架各种管件类型，若下拉为"无"，则需载入管件族才可进行选择，此处的管件族为可载入族，在任务 3 中进行详细讲解，如图 4-2-6 所示。

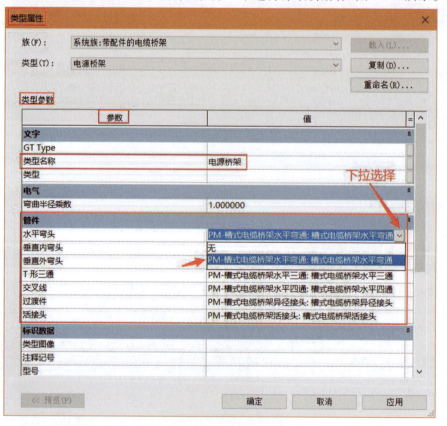

图 4-2-6　类型参数设置

【任务总结】

在"项目浏览器"中,可以看到已经建好的"电源桥架"系统族,前后对比如图4-2-7所示。

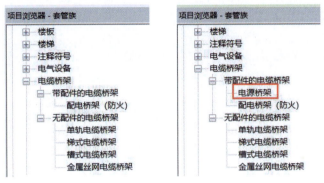

图4-2-7　创建好的"电源桥架"系统族

【课后任务】

一、创建风管系统族

创建一个风管的系统族,风管名称为"玻镁复合风管",形式为矩形,法兰连接,风管宽为800 mm,高为300 mm。

二、单选题

1. 以下构件为系统族的是(　　　)。

A. 风管　　　　　　B. 风管附件　　　　C. 风道末端　　　　D. 机械设备

2. 下列(　　　)是创建族的工具。

A. 拉伸　　　　　　B. 融合　　　　　　C. 扭转　　　　　　D. 放样

3. 可以将(　　　)类型载入项目样板中,在项目之间对其进行复制和粘贴,或使用"传递项目标准"命令在项目之间传递它们。

A. 系统族　　　　　B. 内建族　　　　　C. 外部族　　　　　D. 可载入族

三、多选题

1. Revit中,族可分为(　　　)。

A. 系统族　　　　　B. 可载入族　　　　C. 内建族　　　　　D. 项目族

2. 以下不是系统族的有(　　　)。

A. 管道　　　　　　B. 风管　　　　　　C. 阀门附件

D. 风管附件　　　　E. 卫浴装置

3. 下列操作中,不能对系统族操作的有(　　　)。

A. 创建　　　　　　B. 复制　　　　　　C. 修改　　　　　　D. 删除

四、判断题

1. 系统族中可以只保留一个系统族类型,除此以外的其他系统族类型都可以删除,这是因为每个族至少需要一个类型才能创建新系统族类型。　　　　　　　　　　　　　　(　　　)

2. 系统族不可以复制和修改系统族中的类型。　　　　　　　　　　　　（　　）

3. Revit 系统族还可以作为其他种类的族的主体,这些族通常是可载入的族。　（　　）

可载入族的创建

【任务信息】

本任务为:在项目中载入一个配电箱,其参数为:预留长度 1 360 mm,配电箱类型为强电箱,箱体材质不锈钢刷银色油漆,电压 220 V,功率 8 000 W,箱厚 25 mm,箱宽 360 mm,箱长 1 000 mm,矩形遮雨挡板,箱门上标有"配电箱"文字。

【任务分析】

可载入族包含建模族和注释族。构件是可载入族的实例,如阀门、卫生设备、照明灯具和一些常规自定义的注释图元(如符号和标题栏等),它们具有可自定义高度的特征,可重复利用。可载入族以其他图元(即系统族的实例)为主体,如阀门需以管道为主体,消火栓需以墙为主体。可通过插入族文件或者从其他项目中复制等方式从外部载入族,如图 4-3-1 所示。

图 4-3-1　载入族

【任务实施】

1)从外部载入族文件

在"载入族"对话框中,选择配电箱族文件所在的路径,选中"PM-配电箱"族,右侧可预览模型,单击"打开"完成族的载入,如图 4-3-2 所示。

进入"系统"选项卡,"电气"板块,单击"电气设备",如图 4-3-3 所示。此时可看到属性选项卡中显示的"PM-配电箱"族名称及其模型预览,绘图区域鼠标移动时配电箱模型跟随移动,如图 4-3-4 所示。

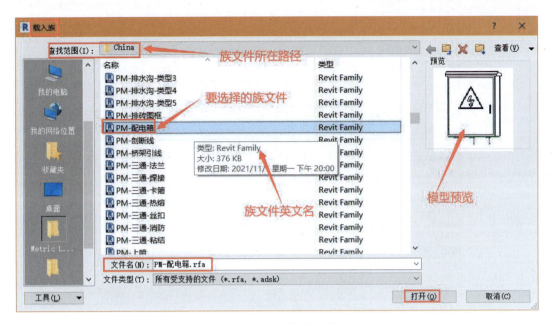

图 4-3-2　从外部载入族

图 4-3-3　电气设备

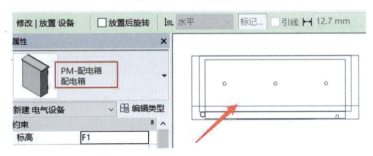

图 4-3-4　配电箱模型跟随移动

2) 设置族类型属性

单击"属性"选项卡中的"编辑类型",在弹出的"类型属性"对话框中进行参数设置,如图 4-3-5、图 4-3-6 所示。

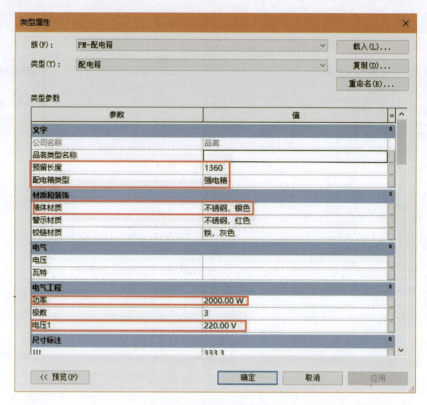

图 4-3-5　族类型参数设置

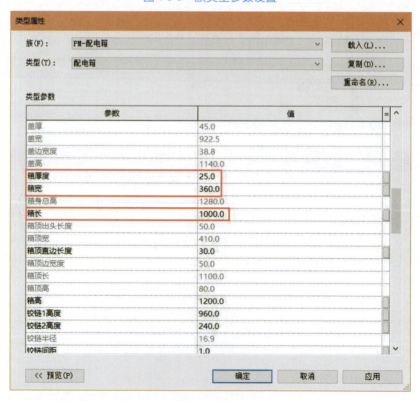

图 4-3-6　箱体尺寸设置

3）编辑族

当族文件不满足需求时，可通过改变本族或者找出族中的嵌套族"另存为"的方法解决。

需要注意的是，系统族选中后不能进行编辑，在载入族选中后，会出现"编辑族"按钮，对比如图 4-3-7 所示。

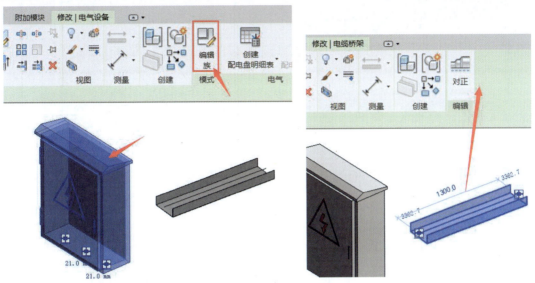

图 4-3-7　编辑族

在"编辑族"界面后，选中需要修改的部位，可对箱体的尺寸、进线管位置等进行修改，如图 4-3-8 所示。本任务的配电箱为矩形无顶部遮雨板，选中对象，删除即可，如图 4-3-9 所示。可以载入族的部分参数，也可以在"属性"面板中设置。

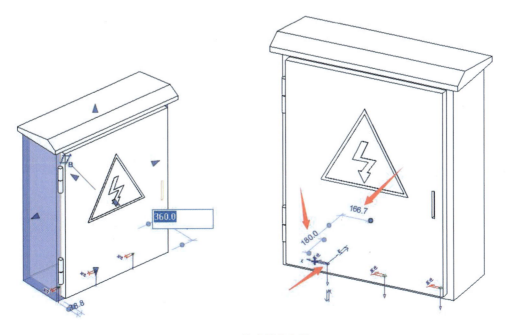

图 4-3-8　修改箱体参数

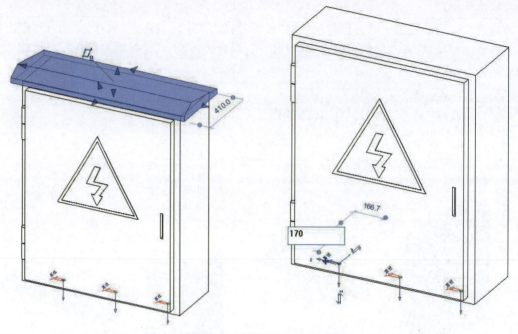

图 4-3-9　删除顶部遮雨板

　　通过"项目浏览器"进入族的立面视图,在"创建"选项卡下,选择"模型文字",如图 4-3-10 所示,在弹出的"编辑文字"对话框中,输入"配电箱",单击"确定"按钮,如图 4-3-11 所示,将文字放置在配电箱门合适的位置,如图 4-3-12 所示。单击配电箱文字,选择"拾取新的"的"面",鼠标动字体会出现蓝色线框,表示字体所放置的面,合适后单击放置,如图 4-3-13 所示。

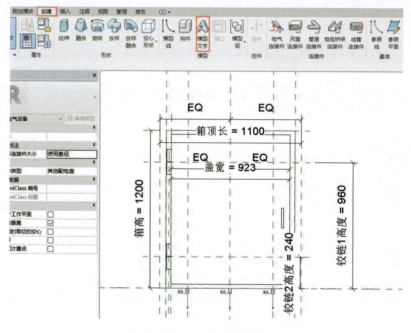

图 4-3-10　选择模型文字

图 4-3-11　编辑配电箱名字

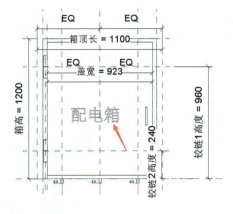

图 4-3-12　放置配电箱名称

进入三维视图，会发现字体突出箱体门，如图 4-3-14 所示，选中文字在"属性"选项卡中将"深度"修改为 10 mm，如图 4-3-15 所示，让文字在箱体表面。

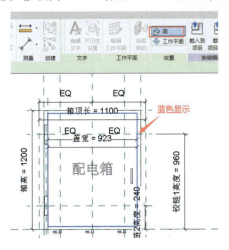

图 4-3-13　调整放置的面

图 4-3-14　字体突出箱体门

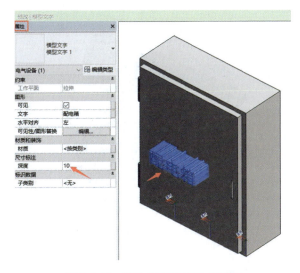

图 4-3-15　修改突出字体尺寸深度

【任务总结】

本任务完成了外部族的载入，参数录入和族编辑需满足项目需求，才能为后续的 BIM 应用和 BIM 管理打好基础。载入的配电箱三维效果，如图 4-3-16 所示。

图 4-3-16　配电箱三维效果

【课后任务】

一、外部族的载入

载入一个蝶阀族，要求蝶阀规格为 DN50，阀体材质为铸铁，手柄长 300 mm，如图 4-3-17 所示。

建筑信息模型
(BIM)技能等级
标准

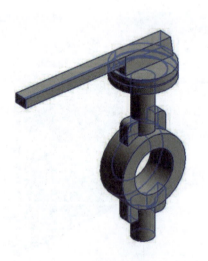

图 4-3-17　蝶阀

二、单选题

1. 可以将洗脸盆标记的参数改为(　　)。

A. 洗脸盆族的名称　　　　　　　　B. 洗脸盆族的类型名称

C. 洗脸盆的高度　　　　　　　　　D. 以上都可

2. 创建 Revit 可载入族的样板文件格式为(　　)。

A. . ret　　　　　　B. . rvt　　　　　　C. . rfa　　　　　　D. . dwg

3. 创建 Revit 可载入族的文件格式为(　　)。

A. . ret　　　　　　B. . rvt　　　　　　C. . rfa　　　　　　D. . dwg

三、多选题

1. 下列(　　)是创建族的工具。

A. 拉伸　　　　　　B. 融合　　　　　　C. 扭转　　　　　　D. 放样

2. 下列说法错误的是(　　)。

A. 实心形式的创建工具要多于空心形式

B. 空心形式的创建工具要多于实心形式

C. 空心形式和实心形式的创建工具都相同

D. 空心形式和实心形式的创建工具都不同

四、判断题

1. "实心拉伸"命令的用法,轮廓可沿弧线路径拉伸。(　　　)

2. 可载入族是用户最经常创建和修改的族。(　　　)

3. 可载入族是指单独保存为族". rfA"格式的独立族文件,且可以随时载入项目中。

(　　　)

模块2

建筑设备工程BIM设计管理

【教学目标】

[建议学时]

10+6(实训)。

[素质目标]

①培养设备工程 BIM 设计管理思维；

②培养设备工程 BIM 综合应用能力。

[知识目标]

①掌握设备工程 BIM 的应用方法；

②掌握设备工程进度的管理方法；

③掌握设备工程质量的管理方法。

[能力目标]

能够按照项目需求进行设备工程 BIM 设计阶段的管理。

《建筑信息模型设计交付标准》(GB/T 51301—2018)

项目 5　设计 BIM 应用

任务 1　方案比选

【任务信息】

本任务为某住宅方案设计,一期位于规划用地 1 号地块,由 3 栋多层住宅、6 栋二类高层住宅及一层地下车库(局部夹层)组成。其中,7 号一层局部为物管用房。总建筑面积为 81 487.37 m²,地下车库建筑面积为 24 070.36 m²,容积率为 2.0,绿地率为 30.00%,建筑密度为 20.00%。由于本任务中业主方案时间较紧,为了减少方案落定的时间及后续各专业修改工作量,在方案阶段对机电系统[给排水设计、暖通设计、建筑电气(强电、弱电)]进行选择时,采用 BIM 技术进行设计验证,主要从业主对机电系统成本需求出发,结合项目的设计条件和设计信息,研究分析满足本任务机电系统设计的总体方案,并对机电方案进行初步评价、优化和确定。

【任务分析】

利用 BIM 技术对项目的不同设计方案进行数字化仿真模拟表达以及对其可行性进行验证,通过方案比选对下一步深化工作进行推导和方案细化。

结合项目设计信息,利用 BIM 软件在建筑空间中形成机电室外管网方案,以及结合机电各专业需求,在建筑空间中确定设备用房数量及位置,并在三维可视化的仿真场景下,更加直观、有效的提供比选依据,协助选择最优的机电设计方案。

【任务实施】

1)收集资料

本任务机电专业负责人从 BIM 项目经理处接收项目相关资料,包括项目方案阶段策划、建筑、结构专业模型、机电专业设计信息、协同方式等,进而确定机电专业方案设计比选的工作安排。

2)选择 BIM 软件

本任务为某住宅项目,主要采用 Revit 进行方案的体量模型搭建,通过 Ecotect、广联达 BIM Space 分析建筑机电性能参数及室外管网设计。

3）搭建模型

根据本任务建筑、结构专业模型，分析内部空间结构，明确市政条件，确立室外管网接入口，选择机电项目样板，从而确定设备用房、管井数量、尺寸、位置等，搭建多个机电方案设计模型。本任务方案设计模型内容见表 5-1-1。

表 5-1-1　方案设计模型内容

模型内容	模型几何深度	模型信息	典型用途
给排水：主要室外管网接入口；水泵房、水池、水箱、水井数量和位置。 暖通：室外管网接入口、空调站房、锅炉房空调机房、空调井、风井数量和位置。 电气：室外电网接入口；变、配、发电站、电井数量和位置。	基本尺寸、形状和走向，能够反映大致的几何信息。	系统类型、管路接入地理信息、设备占位族及设备用房和管井（在建筑模型中体现）。	配合建筑景观专业，确立相关方案条件。

4）方案比选

通过 Revit 软件的可视化功能（渲染或三维视图）或 Fuzor、Enscape、Lumion 等渲染软件，对项目室外管网布置合理性、管道接入位置、设备用房位置、管井位置、数量等不同方案进行比选。图 5-1-1 所示为本任务地下车库排风机房位置方案比选示意图，方案一将机房设置在如图 5-1-1 所示的右上角，此方案可以更好地接驳和服务该防烟分区，如图 5-1-1 所示。方案二将机房设置在塔楼不利用空间内，较方案一增加 3 个车位，较好地提升了车库货值，业主从成本角度出发，选择了方案二，如图 5-1-2 所示。

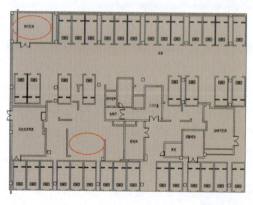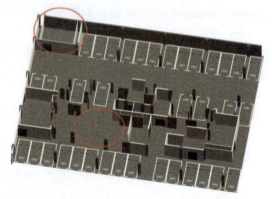

图 5-1-1　方案一示意图

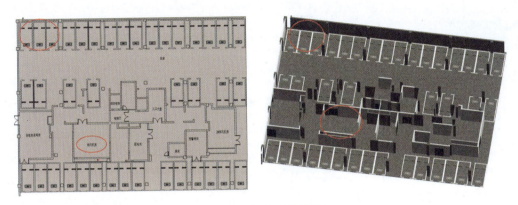

图 5-1-2　方案二示意图

本项目方案阶段的 BIM 机电设计流程,如图 5-1-3 所示。

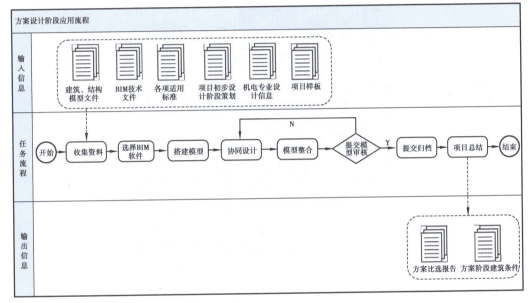

图 5-1-3　方案设计 BIM 技术应用流程图

【任务总结】

本任务基于业主的提资设计参数,对机电方案模型进行制作,搭建了室外管线系统,明确了机电管线的标高、敷设方式及机电设备用房位置、设备占位等。同时,也对各方案进行整理并形成了方案的比选报告。

【课后任务】

请阐述机电专业方案比选的具体内容。

任务 2 碰撞检查及三维管线综合

【任务信息】

某住宅地下车库项目,建筑面积约 2.5 万 m²,在初步设计阶段,各专业基于建筑空间及设计规范将给排水管线路由及末端、暖通防排烟风管及设备、电气强弱电桥架设计完成后进行机电专业内碰撞检查及 3 个专业间管线综合优化,使机电专业内无碰撞且各专业管线排布合理,最大限度地增加建筑使用空间,最后进行初设机电出图,如图 5-2-1 所示。

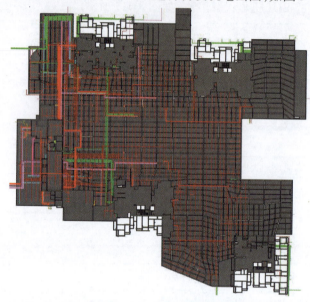

图 5-2-1 本项目初版机电模型

【任务分析】

本任务碰撞检查及管线综合的主要目的是基于各专业模型,应用 BIM 三维可视化技术检查施工图设计阶段机电管布置是否合理,完成设计图纸范围内各种管线布设与建筑、结构平面布置和竖向高程相协调的三维协同设计工作,尽可能地减少机电碰撞,避免空间冲突,避免设计错误传递到施工图阶段。同时解决空间布局不合理的问题,例如,重力管线延程的合理排布,以减少水头损失;管线模拟安装时,出现因相互交叉、挤占空间而引起检修空间不足、降低楼层净高等问题。

本任务主要从以下几个方面对机电专业管线布置进行全面优化。

1)设备房内管线和设备

本任务地下室包括给排水机房、风机房、变配电室机房等设备用房。因机房内管道规格较其他位置大,同时需要与机电设备进行有效连通,在设计时,出现了设计交叉碰撞现象,施工工作空间过小,安装、维修不到位,缺乏工作面等问题,针对此问题,BIM 工程师通过三维模型查看并优化各专业管线是否成排设计,管线设计走向是否合理,管道、管线在机房内以及机房预留洞口周边是否有交叉、重叠等;并在各专业管道集中的部位,通过合理安排制作联合的管道支撑架,减少空间资源和施工材料的浪费,节约建筑安装费用。

2) 管道竖井

本任务管道比较集中的一个部位在管道竖井内,在进行优化前做了重点检查。根据各机电设备装置的型号、实际尺寸,充分利用管道竖井空间,使竖井内的各类导线、管道、箱体排列有序。对管道进行分析,确定管道在管井内是否处于正确位置,标明不同类型管道标高、管径等。管井的要求布局科学,维修方便,安全稳固,连接正确。

3) 通道走廊

针对本任务较窄的通道走廊(管线集中分布的部位),此位置的管线布置繁多,管道相对较大且走向基本一致,包含多个专业的管道、管线,例如,通风管道、给水管道、消防管道、喷淋设备、电气桥架等,易出现各专业管道缠绕在一起的现象。因此,需要集中各相关专业的技术人员商定解决方案,充分考虑各管线、管道走向情况及布置需求,一并检查和论证综合管线排布的合理性、科学性和经济性。同时,这些部位也需要全局考虑管线联合支架设计的方案,联合支架与各专业管道单独制作支架相比,不仅节省机电安装材料,同时也便于管道的统一布置,使其外观整齐美观。

针对以上重难点,本任务在进行管线综合布置时,采用了表 5-2-1 所列的重难点部位解决思路。

表 5-2-1　重难点部位解决思路

序号	部位(系统)	重点及难点	解决办法
1	管线密集的吊顶区域管线综合(如走廊区域等)	①管线合理综合布置; ②无压管道(如冷水,卫生排水管等)合理布置及坡度要求; ③灯具和设备支吊架位置; ④检修口设置; ⑤机电管线安装净空间须满足吊顶高度控制要求。	①根据管线综合原则,BIM 的可视化效果,合理布置各专业管线; ②优化元压管道的走向,积极与装修单位沟通,有压管道进让无压管道; ③在 BIM 模型中合理设置灯具和设备的支吊架,解决与其他管线的碰撞问题; ④合理设置检修口,管线避让,在满足检修口设备维修需要的前提下尽量满足装修要求; ⑤合理布置机电管线,在 BIM 模型中模拟吊顶位置,如不满足条件,与设计协调部分管线穿梁或移至其他区域布置等,满足吊顶标高控制要求

续表

序号	部位(系统)	重点及难点	解决办法
2	管线密集的非吊顶区域管线综合(如车库机房出口管线密集处)	①管线合理综合布量; ②观感要求; ③长距离输送管线的变形控制; ④非吊顶区域净高控制要求	①根据管线综合原则,借助 BIM 的可视化效果,合理布置各专业管线; ②设置综合支吊架,各专业管线集中布置,在 BIM 模型中验证观感效果; ③与设计沟通,通过校核计算合理设置膨胀节、固定支架等; ④合理布置机电管线,若不满足条件,应与设计协调部分管线修改路径,满足净高控制要求
3	设备机房	①设备、管线综合布置; ②维修空间预留; ③噪声控制; ④设备运输路线规划; ⑤观感要求	①向生产厂家了解各设备维修所需的空间位置及尺寸; ②委托专业厂家对设备机房噪声控制方案进行深化设计; ③绘制设备运输路线图,提出建筑、结构等专业配合要求; ④绘制三维效果展示图及安装大样图,各专业管线进行统一规划
4	管井	①空间狭小管线密集; ②设备、管线综合布置; ③支架设置; ④维修空间预留	①通过 BIM 设计建模,优化设备安装位置确定施工次序; ②合理布置; ③在 BIM 模型中设置管道支吊架,验证合理性,并对管井检修空间进行三维模拟验证
5	公共区域	管线综合布置与注意事项	①要注意建筑标高及结构标高之间的差别,不同区域标高的差别,混凝土结构梁的厚度,柱子大小,钢梁大小,是否有斜支梁等; ②要注意保温层的厚度;管线、梁、壁等相互间的安装要求;还应考虑管道的坡度要求等。不同专业管线间的距离,应尽量满足施工规范要求; ③管线布置时,在整个管线的布置过程中考虑到以后灯具、烟感探头、喷头等的安装空间,电气桥架放线的操作空间及以后设备阀门等的维修空间,电缆布置的弯曲半径要求等

【任务实施】

①收集本任务机电管线综合相关数据,例如,建筑层高、最大梁高、机电管线尺寸、安装

空间、车库净高要求(车位 2 200 mm、车道 2 400 mm)等。

②整合本任务车库建筑、结构、给排水、暖通、电气等专业模型,形成整合模型。

③通过目视检查及碰撞检测软件(红瓦协同大师)进行碰撞优化,利用碰撞检测软件时需设定碰撞检测及管线综合的基本原则,使用 BIM 三维碰撞检测软件和可视化技术,检查本项目地下车库中的冲突和碰撞,并进行三维管线综合。编写碰撞检测报告及管线综合报告,提交给业主确认后调整模型。其中,一般性调整或节点的设计工作,由设计单位修改解决;变更量较大时,由业主单位协调后确定解决调整方案。优化过程中,对二维施工图难以直观表达的造型、构件、系统等,提供三维模型截图辅助表达,如图 5-2-2 所示。

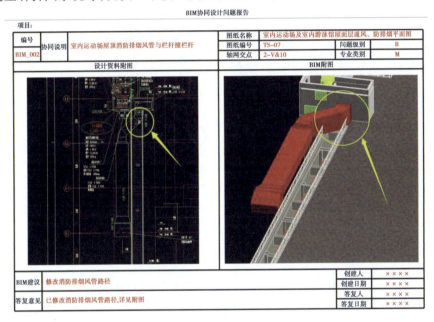

图 5-2-2　本任务碰撞检测问题报告

1)设备机房

针对本任务设备机房,首先确定机房位置,然后基于机房布局及管线走向,结合机房管线布置原则,优化调整机房内的设备、管线、基础等点位,保证设备的运行维修、安装等工作有足够的平面空间和垂直空间。

2)复杂节点及吊顶区域

本任务在电梯厅及入户前区均设置有吊顶,为了保证吊顶净高,首先对电梯厅及入户前区吊顶内管线进行绕行,尽可能地提升吊顶高度,同时需确保在有效的空间内各专业管线布置合理,保证机电各专业的管线间距空间(DN150 管线间中心到中心间距预留 300 mm 及以上,其余保证在 200~300 mm 范围内)。

3)管井

综合协调竖向管井的管线布置,使管线的安装工作能顺利完成,并能保证有足够多的空间完成各种管线的检修和更换工作。

4) 调整模型

逐一调整模型,确保各专业之间的碰撞问题得到解决,如图 5-2-3 所示。

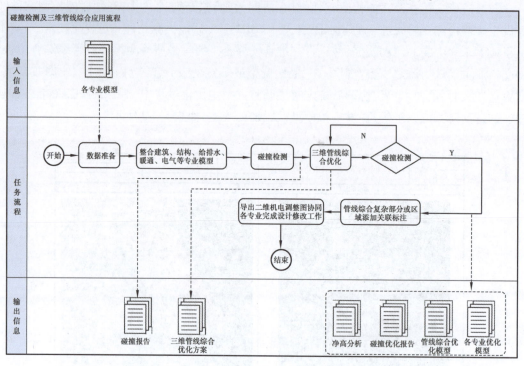

图 5-2-3　碰撞检查及管线综合 BIM 技术应用流程图

【任务总结】

本任务在初步设计阶段基于地下车库模型进行碰撞检测及管线综合优化,初步确定机电管线在车位、车道上的分布情况,在优化过程中形成了碰撞检测报告,该报告详细记录了调整前各专业模型之间的碰撞,根据碰撞检测及管线综合的基本原则,以及冲突和碰撞的解决方案,对空间冲突、管线综合优化前后进行对比说明。

【课后任务】

1. 结合本任务的案例,总结机电管线综合净高需要考虑的因素。
2. 请根据本任务的知识点及案例项目模型进行碰撞检测及管线综合调整。

任务 3　竖向净空分析及优化

【任务信息】

某 10.5 万 m^2 的办公建筑项目在施工图阶段机电管线平面调整完成后,需对其竖向空间进行优化。本任务基于土建、机电各专业模型,优化机电管线排布方案,对各办公室、走道、卫生间、电梯厅的竖向空间进行检测分析,检查是否满足业主净高要求,针对不满足的区域进行机电优化,最后给出了最优的净空高度方案指导装饰设计。

【任务分析】

本任务竖向净空分析的主要目的是基于机电管线平铺后的模型,应用 BIM 三维可视化技术优化各个区域的机电管线竖向排布及确定标高、坡度等,使其满足施工空间、设备安装空间、后期检修空间、装饰预留空间、美观、经济等要求,保证 BIM 施工图纸能够正确指导现场实际施工作业,见表 5-3-1。

表 5-3-1　本任务标准层竖向净高要求

楼层	层高/mm	区域	净高控制/mm
标准层	3 500	办公室	满足使用要求≥2 800
		办公区走廊、电梯厅	满足使用要求≥2 600
		卫生间	满足使用要求≥2 400
		电梯楼梯间前室、楼梯间、非精装区域走道	满足使用要求≥2 400
		设备机房	满足使用要求≥2 400

【任务实施】

本任务由于装饰施工图在机电竖向净空优化时未完成,不能得到各区较准确细化的装饰标高,故 BIM 工程师在进行优化时,需要充分考虑预留装饰吊顶的安装空间,进而采取了部分管线穿梁、将较占空间的空调设备(风机盘管、空气处理机组)利用梁窝安装等手段降低机电专业的安装空间,保证办公区域净高达到装饰吊顶要求。具体实施内容如下:

1) 检查土建模型的正确性

本任务土建、机电优化工作同步进行,为了保证机电优化的准确性,需根据最新施工图提前对土建模型进行复核检查,避免图纸版本不统一造成的无效工作量,重点核对建筑、结构专业的变更内容,并通过平面、立面、剖面视图,检查土建房间布局与机电管线布局是否匹配。

2) 机电模型连接土建模型进行竖向净空优化

依据业主对各区域(表 5-3-1)的净高要求以及管线分布的复杂程度,进行各区域管线竖向标高的调整。管线的具体标高根据该区域结构形式、主次梁关系、梁高度、管线分布情况、管线尺寸及净高要求等因素进行灵活处理,针对管线较少或净高要求较高的区域,管线标高需尽量提高,贴梁或穿梁布置,例如,本项目的办公室,吊顶净高要求比走道高 200 mm,管线需从走道穿梁进入办公室;且相同结构形式的区域(层高、梁高相同)保持管线标高一致,不能存在多个标高,且标高偏移量尽量控制为整数,例如,某给排水管道标高为 2 732 mm。需调整为 2 730 mm,如图 5-3-1 所示。

图 5-3-1　本任务地下车库车道净高分析

3）净空分析问题报告编制

完成第一轮竖向净空优化后，若某些节点净高还是不满足要求，需整理形成问题报告，通过 BIM 协调会议与其他专业设计师沟通协调，形成解决方案。报告中应包括能够反映该节点精确竖向标高的平面图、剖面图及三维轴测图，问题描述、节点定位等，如图 5-3-2 所示。

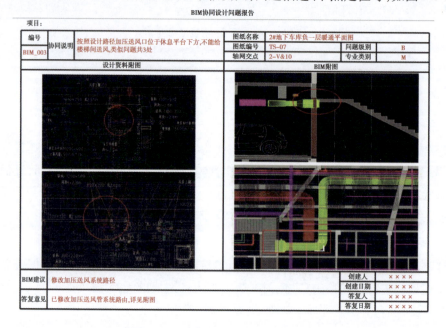

图 5-3-2　本任务净空分析问题报告

4）第二轮竖向净空优化

将 BIM 协调会议形成的会议决策修改至机电模型，完成第二轮机电管线净空优化，例如，本任务中对排烟风管管线尺寸、路由及系统的修改。

5）净高优化报告编制

借助第三方软件（红瓦协同大师）的净高分析功能，对优化前后的机电模型进行净高分布图制作，标注不同区域管线优化前后的净高，分层表达，形成净高优化报告，如图 5-3-3 所示。

BIM设计净高分析

4#楼一层最低净高为2 400 mm，普遍净高为2 600 mm，下图为4#楼一层净高分布图，**圈注①，②，③**处净高不满足原精装高度。

圈注①武术室原精装高度要求为3 200 mm，由于排烟风管距梁(650×300)下150 mm安装，考虑吊顶安装空间150 mm和支吊架50 mm后，吊顶净高仅有2 700 mm，不满足装饰净高要求；

圈注②，④形体室和疏散通道原精装高度要求为3 200 mm，由于排烟风管距梁(650×300)下150 mm安装，考虑吊顶安装空间150 mm和支吊架50 mm后，吊顶净高仅有2 700 mm，不满足装饰净高要求；

圈注③乒乓预留区域室原精装高度要求为3 200 mm，多联机利用梁窝安装，风管贴梁敷设，桥架与风管一层布置，水管利用风管与多联机之间的空间布置，管底净高为2 780 mm，考虑吊顶安装空间和支吊架共180 mm后，吊顶标高仅有2 600 mm，不满足装饰净高要求。

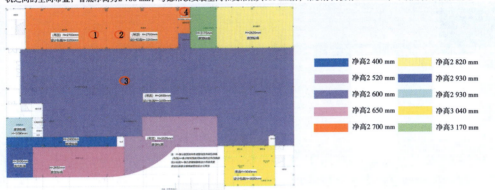

图 5-3-3　本任务净空分析优化报告

竖向净空分析及优化 BIM 技术流程，如图 5-3-4 所示。

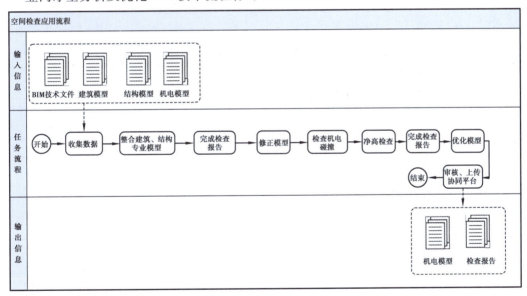

图 5-3-4　竖向净空分析及优化 BIM 技术流程

【任务总结】

本任务是在施工图阶段基于机电管线平铺后的模型，应用软件剖切功能及三维可视化技术确定地下车库各个区域的机电管线竖向排布及标高，形成满足净高要求的建筑空间，优化过程中对净空不足的节点进行整理并形成净空分析问题报告，对优化后最终净高值进行整理并通过净高分析形成竖向净空优化报告。

【课后任务】

1.结合本任务的案例,总结管线竖向净空优化需要考虑的因素。

2.请根据本任务的知识点及案例项目模型进行机电管线竖向净空优化,并形成净高分析报告。

任务 4　设计工程量统计

【任务信息】

某学校项目(4.5 万 m²),在施工图设计过程中,利用 Revit 软件自带的明细表功能对机电构件实物工程量分类统计,按照"专业→系统→构件"类型进行拆分,精确统计机电各专业构件的工程量,辅助进行本任务技术指标测算,并在机电各专业模型修改过程中,同步自动更新,发挥关联修改作用,实现精确快速统计。

【任务分析】

本任务在设计前期已考虑将各专业构件明细表制作进项目模型文件中,便于需要时直接提取导出。各专业构件明细表需结合构架特点进行字段选择,例如,针对管道明细表,可对添加类型、系统类型、尺寸、长度与合计等字段进行统计,针对管件明细表中族、系统类型、尺寸、合计等进行统计。

【任务实施】

1)基于机电模型创建明细表

①梳理需要统计工程量的机电构件的属性特点,评估是否满足统计条件,例如,给排水管道的连接件(弯头、三通、四通)不具有长度属性,故不能统计其长度。

本项目主要机电构件类型如下:

给排水专业:给排水(给水、污水、雨水、废水、)、消防(消火栓、喷淋)等系统不同材质的管道、连接件(弯头、三通、四通)、消防水泵、阀门开关、喷头、消火栓。

暖通专业:空调系统(空调送风、空调回风、新风)、消防系统(排烟、排风、排烟兼排风、加压送风、送风、补风、送风兼补风)等风管、连接件(弯头、三通、四通)、风机、阀门开关、风机盘管、风口。

电气专业:电气各系统桥架、母线槽、连接件(弯头、三通、四通、上弯通、下弯通)、设备箱柜。

②使用 Revit 软件明细表统计功能,选择不同构件所需要表达的字段。

③编辑明细表属性对表达形式进行设置,可对构件的排序、合计等进行设置。

④复核各机电构件明细表是否满足统计需求,若不满足统计条件,需重新设置字段并生成相应的明细表。

2) 导出明细表及二次处理

①通过 Revit 软件导出报告功能,将明细表导出为表格。

②将导出后的表格根据项目需求进行整理。

工程量统计流程图,如图 5-4-1 所示。

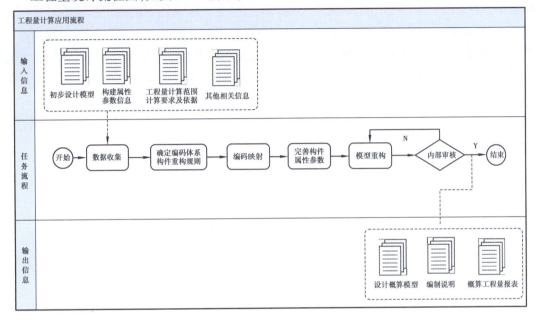

图 5-4-1　工程量统计流程图

【任务总结】

本任务在施工图设计基本完成后,利用软件自带的明细表功能对机电构件实物工程量进行分类统计,形成机电设备材料明细表。

【课后任务】

1.结合本任务的案例,梳理机电各专业构件明细表需要表达的字段。

2.请根据本任务的知识点及案例项目模型,进行机电构件明细表制作,并导出明细表。

任务 5　制图表达

【任务信息】

某住宅别墅项目,在施工图设计阶段已经对所有管线进行综合优化及碰撞调整,基本达到出图深度,现根据国家制图标准及业主需求,基于 BIM 三维设计模型生成二维制图表达,满足平面出图对样式、颜色、文字注释、线型线宽的要求,符合国家现有的二维设计制图标准及 BIM 出图的相关导则或标准。

【任务分析】

目前建筑行业各级行政审查部门、业主、施工单位均依靠二维图纸形式进行相关流程审批及施工建造,不能直接将 BIM 模型作为正式设计审查依据,故本任务在机电出图时首先对模型中各专业的管线、管件、阀件、附件、设备、末端等在平面视图下的表现形式进行逐一复核,保证 BIM 模型构件在平面中呈现的形状与传统二维制图图例表达完全一致;其次通过软件平面视图功能进行各专业平面拆分及平面标注;最后套上相应图框并导出 DWG 及 PDF 图纸。基于目前软件技术及实施工作量,机电制图需与二维制图软件(CAD)配合使用才能完成整套机电出图,具体出图内容分配见表 5-5-1。

表 5-5-1　二维和三维软件出图分配

专业	图纸类别	使用软件
给排水	目录	Revit
	设计说明、图例、节能专篇、消防专篇、施工说明、设备材料表	CAD
	给排水平面图、喷淋平面图	Revit
	系统图	CAD
	卫生大样图、机房放大图、管井详图	Revit
暖通	目录	Revit
	设计施工说明	CAD
	设备表	Revit
	通风防排烟、空调(新风)系统图	CAD
	通风防排烟、空调(新风)平面图	Revit
	风机房大样图	Revit
	安装做法详图	CAD
电气	图纸目录	Revit
	设计施工说明	CAD
	高压系统图、低压柜系统图、竖向系统图	CAD
	动力、照明、火警、弱电平面图	Revit
	防雷接地平面图	CAD
	户内大样、机房大样、消控室大样	Revit

【任务实施】

1)检查模型范围的一致性

土建模型作为机电出图的"建筑底图",需保证土建、机电的设计内容及范围一致,避免模型版本不统一造成的无效工作量,重点核对建筑模型的房间布局与机电管线分布统一。

2) 机电模型构件 (图例) 表现性复核

对机电模型中各专业的管线、管件、阀件、附件、设备、末端等在平面视图下的表现形式进行逐一复核修改，保证 BIM 出图与传统二维出图效果相同。

3) 创建平面视图

通过工作集、剖切、调整视图深度、隐藏无须表达的构件等方法，创建相关图纸视图，如平面视图、剖面视图、节点详图等。

4) 添加二维标注

在平面视图中添加文字注释、尺寸标注、图例说明、设计施工说明等信息。对复杂节点增加三维透视图和轴测图进行表达。

5) 复核工程量明细表

通过三维模型视图、平面视图对比各构件明细表中的数量，尤其针对机电设备、管道附件等重点构件需保证数量准确。

6) 创建图纸

按照机电施工图出图包含的内容来创建图纸，将已经标注好的平面视图、三维视图、设计说明、设备材料表等添加进图纸。

7) 导出二维图纸

通过软件直接导出二维图纸，可导出 .dwg、.pdf 两种格式，如图 5-5-1 所示。

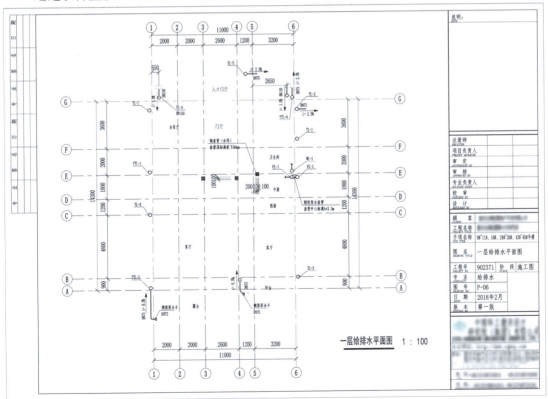

图 5-5-1　本任务负一层给排水平面图

二维制图表达应用流程图,如图 5-5-2 所示。

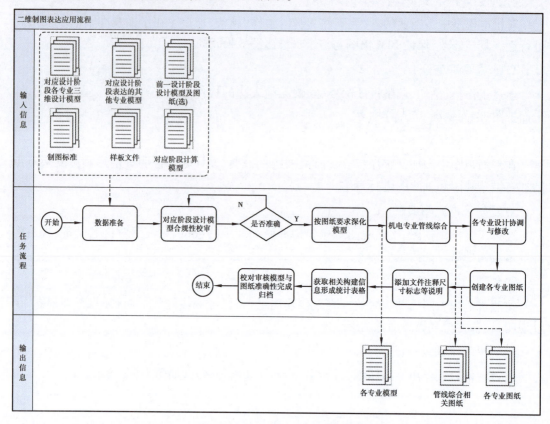

图 5-5-2　二维制图表达应用流程图

【任务总结】

本任务基于二维设计制图标准,通过优化后的机电模型进行水、暖、电专业出图,形成施工图设计图纸,用于指导项目施工。

【课后任务】

1. 结合本任务的案例,制作给排水专业消火栓箱、闸阀、水泵构件的二维图例。
2. 请根据本任务的知识点及案例项目模型进行机电给排水专业标注及出图。

项目 6　设计进度管理

任务 1　计划制订进度

【任务信息】

某宿舍楼总建筑面积约 6.5 m²,建筑层数为地上 9 层,地下 2 层,层高 3.5~4.2 m,建筑物总高为 24 m,包含地下车库、公共活动区域、宿舍楼等功能,属二类高层建筑,抗震设防烈度为 6 度。工程设计范围为建筑、结构、给排水、采暖、通风与空气调节、建筑电气(强电、弱电)的设计,设计服务内容包括方案设计、初步设计(含概算)、施工图设计(含预算)、施工配合及其他后续服务。某宿舍楼 BIM 模型,如图 6-1-1 所示。

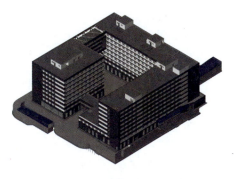

图 6-1-1　某宿舍楼 BIM 模型

【任务分析】

因本任务整体施工工期短,设计图纸及模型的信息完整性及准确性的高标准要求,本项目在设计阶段制订了详细的进度计划及相应的控制措施。通过进度计划的实施,及时对设计过程中出现的偏差问题进行有效控制,降低对项目的总体影响,提高出图的效率及质量,从而保证本项目设计总工期按计划实现。设计阶段的设计管理流程,如图 6-1-2 所示。

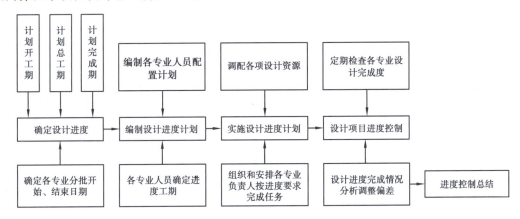

图 6-1-2　设计管理流程

【任务实施】

设计进度是建设部门对工程建设控制的关键程序,也是设计单位提高工作效率和项目管理的关键因素;建设部门和设计单位都很重视管理环节,但在实施过程中,设计单位却屡遭投诉或投诉占比居高不下。在日常工作管理中如何主动、确保在规定时间内完成设计文件的编制工作,制订适合的设计进度计划尤为关键。

1)设计进度计划编制依据

本项目在编制设计进度计划时,主要依据设计合同、附件以及项目相关的其他文件等。

本项目合同文件对工程设计工期的要求如下:

计划开始设计日期:2021 年 1 月 1 日。

计划完成设计日期:2021 年 9 月 1 日。

节点工期:

①在接到中标通知书后 1 个月内提交可行性研究报告。

②建筑、结构、给排水、暖通、电气专业初步设计 2 个月内完成。

③设计概算报批稿在初步审查完成后 15 天内完成。

④建筑、结构、给排水、暖通、电气专业施工图设计 2 个月内完成。

⑤施工图设计提交后 20 天内完成施工图预算。

⑥工程竣工后一个月内提交竣工图时间。

本任务主要分为 4 个阶段:方案设计(投资估算)→初步设计(设计概算)→施工图设计(施工图预算)→后期服务。在设计项目进度计划编制前期,明确合同约定的工作范围及设计阶段,机电工程 BIM 设计内容包含多个设计阶段,各设计阶段的内容侧重点有所不同,如图 6-1-3 所示。

（1）方案设计阶段

本任务机电专业在方案设计阶段的主要工作任务为接收建筑专业提供的建筑信息,确定各专业设计数据。以给排水专业为例,包括给水系统分区及供水压力、排水系统选择、室内消火栓给水系统供水分区及供水压力、室内消火栓给水系统用水量计算、自动喷水灭火系统形式选择以及管网计算等。根据以上数据,对消防水泵房、屋顶消防水箱间等主要设备用房进行初步布置。

（2）初步设计阶段

本项目机电专业在初步设计阶段的主要内容为设备用房的布置、管道路由初步设计以及建筑内部各专业管井的布置,并且全专业要进行建筑内部净高把控、管线预综合处理。

（3）施工图设计阶段

本任务机电专业在施工图设计阶段的主要内容是根据批准的初步设计,明确系统、设备、材料等设计参数,完善各专业系统,将设计各项具体要求反映在模型中,生成平、立、剖面图纸以及设备明细表等。

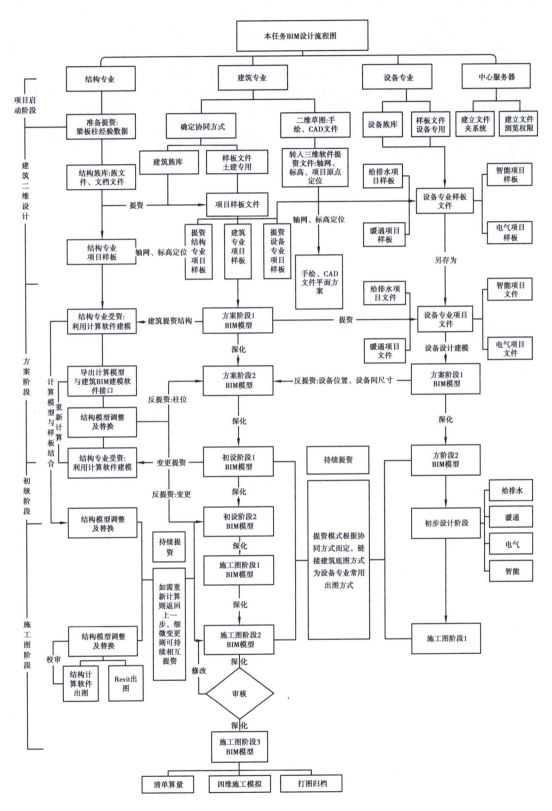

图 6-1-3　本任务 BIM 设计流程

2）进度计划编制

本工程在编制计划时，由粗到细编制了设计总进度计划、阶段性设计进度计划、设计作业进度计划。根据合同要求及设计完成日期为一级设计总进度计划，依据甲方要求的设计节点，设立里程碑，分解到月进度计划中，指导编制形成二级阶段性设计进度计划；根据二级管控计划再分解细化到周进度计划，形成可指导设计作业的三级设计作业进度计划。同时在设计计划执行时又将实际进度通过周计划层层向上反馈到月度计划中，以检查项目里程碑、关键性节点的影响情况。

（1）设计总进度计划

用于安排自设计准备开始至施工图设计完成的总设计时间所包含的各阶段工作的开始时间和完成时间，从而确保设计总进度目标的实现。

（2）阶段性设计进度计划

用来控制各阶段设计进度，从而实现阶段性设计进度目标，本任务在编制阶段性设计进度计划时，充分考虑了设计总进度计划对各个设计阶段的时间要求。

①设计准备工作进度计划：根据规划设计条件、设计基础资料的提供及委托设计等工作进行的时间安排。提前准备好设计勘察提纲，熟悉项目情况、环境、资源及相关流程，收集相关资料，保证严格按设计合同要求的现场勘察程序和时间进行勘察。

②初步设计工作进度计划：充分考虑方案设计、初步设计、技术设计、设计的分析评审、概算的编制、修正概算的编制以及设计文件审批等工作的时间安排，按单位工程编制。

③施工图设计工作进度计划：主要考虑各单位工程进度及搭接关系。

（3）设计作业进度计划

为了控制专业的设计进度，并作为设计人员分配设计任务的依据，根据施工图设计工作进度计划、单位工程设计工日及所投入设计人员数，编制完成了设计作业进度计划。

（4）项目进度计划

编制时需根据实际项目情况估算各个工作包的活动资源和时间，并考虑到各种风险的存在，使进度留有余地，具有一定的弹性。

本任务的项目进度计划经项目负责人审核通过后，制订项目各专业出图计划，各专业出图计划经专业负责人及项目负责人审核后，方可执行，并进一步制订设计作业计划，落实设计工作责任和时间。同时将确认好的进度计划上传到 BIM 进度管理平台，实时跟进项目的开展情况。

【任务总结】

本任务以设计总工期为计划完成时间，由粗到细编制了各专业的提资时间、出图时间、审核校对、问题修改等时间节点进度计划，以本任务施工图设计进度计划为例，总工期为 60 天，各工作任务时间安排如图 6-1-4、图 6-1-5 所示。

XX宿舍楼工程项目施工图设计进度计划表——60天

计划名称	接受专业	开始日期	结束日期	详细内容	备注
设计启动会		03 月 15 日	03 月 15 日	召开项目启动会，明确进度及人员安排	
建筑提资管理					
建筑提第一次平面图	■结构■给排水■电气■暖通	03 月 25 日	03 月 25 日		
建筑提第二次平面图	■结构■给排水■电气■暖通	03 月 26 日	04 月 03 日		
提准确防火分区	□结构■给排水■电气■暖通	04 月 04 日	04 月 04 日		
建筑提第三次资料（平、立、剖面图）	■结构■给排水■电气■暖通	04 月 10 日	04 月 10 日		
建筑提楼电梯等大样初稿	■结构□给排水□电气□暖通	04 月 11 日	04 月 12 日		
建筑提楼电梯等大样准确图	■结构□给排水□电气□暖通	04 月 13 日	04 月 14 日		
建筑提节点大样初稿	■结构□给排水□电气□暖通	04 月 15 日	04 月 15 日		
建筑提节点大样准确图	■结构□给排水□电气□暖通	04 月 17 日	04 月 17 日		
节点大样评审	■结构□给排水□电气□暖通	04 月 18 日	04 月 19 日		
建筑提准确平立剖全部资料	■结构■给排水■电气■暖通	04 月 21 日	04 月 21 日		
结构提资管理					
结构提模板图	■建筑■给排水■电气■暖通	04 月 03 日	04 月 03 日		
结构返楼电梯意见	■建筑□给排水□电气□暖通	04 月 04 日	04 月 05 日		
结构提第二次模板图	■建筑□给排水■电气■暖通	04 月 12 日	04 月 12 日		
结构返节点大样意见	■建筑□给排水□电气□暖通	04 月 16 日	04 月 16 日		
结构提构造柱	■建筑□给排水□电气□暖通	04 月 19 日	04 月 19 日		
结构提梁柱完成图	■建筑■给排水■电气■暖通	04 月 24 日	04 月 24 日		
设备提资管理					
给排水提立管和消火栓	■建 □结 □水 □电 □暖	03 月 25 日	03 月 28 日		
给排水向电气提资料	□建 □结 □水 ■电 □暖	03 月 29 日	03 月 31 日		
给排水提降板	■建 ■结 □水 □电 □暖	04 月 01 日	04 月 02 日		
暖通向电气提资料	□建 □结 □水 ■电 □暖	03 月 27 日	03 月 30 日		

图 6-1-4　本项目施工图设计进度计划表 1

XX宿舍楼工程项目施工图设计进度计划表——60天

计划名称	接受专业	开始日期	结束日期	详细内容	备注
暖通向电气提资料	□建 □结 □水 ■电 □暖	03 月 27 日	03 月 30 日		
暖通向建筑提资	■建 □结 □水 □电 □暖	03 月 26 日	03 月 29 日		
暖通提开洞和荷载	■建 ■结 □水 □电 □暖	03 月 30 日	03 月 31 日		
电气提配电箱	■建 □结 □水 □电 □暖	03 月 25 日	03 月 26 日		
电气提荷载	■建 ■结 □水 □电 □暖	03 月 27 日	03 月 31 日		
给排水提散水沟	■建 □结 □水 □电 □暖	04 月 03 日	04 月 04 日		
出报建版施工图	□建 □结 ■水 ■电 ■暖	04 月 26 日	04 月 30 日		
校对	■建 ■结 ■水 ■电 ■暖	04 月 31 日	05 月 06 日		
综合校对	■建 ■结 ■水 ■电 ■暖	05 月 07 日	05 月 10 日		
出图、归档	■建 ■结 ■水 ■电 ■暖	05 月 11 日	05 月 12 日		
晒图、送图	■建 ■结 ■水 ■电 ■暖	05 月 13 日	05 月 14 日		
项目总结会	■建 ■结 ■水 ■电 ■暖	05 月 15 日	05 月 15 日		
各专业人员配置	建筑：　2　人；　结构：　6　人；　电气：　2　人；　给排水：　2　人；　暖通：　2人				

图 6-1-5　本项目施工图设计进度计划表 2

【课后任务】

1. 阐述设计进度计划的编制依据。

2. 阐述不同管控力度的设计进度计划编制目的及管控要点。

任务 2　设计进度控制

【任务信息】

在本项目进度计划制订完成后,需要对计划保持过程跟踪,确保计划目标的实现,对设计过程中出现的偏差(提资时间推迟、成果提交时间推迟等),需要及时进行偏差分析、计划调整,保证计划工期的实现。

本任务为:根据进度计划进行过程跟踪,进行偏差分析、计划调整等工作。

【任务分析】

设计进度控制是建设工程进度控制的重要内容,是施工进度控制的前提,是设备和材料供应进度的前提,因此,为了确保项目设计进度计划按照目标要求实现,应及时对设计进度计划进行检查、分析和纠偏等进度监控措施。

【任务实施】

1) 设计进度控制目标

本建设工程设计主要包括方案设计、初步设计、施工图设计、深化设计阶段等,为了确保本项目设计进度控制总目标的实现,根据合同相关要求,明确各阶段进度控制目标。

（1）**方案设计阶段时间目标**

①设计基础资料的提供时间:××年××月××日。

②方案设计模型及图纸提交时间:××年××月××日。

③投资估算提交时间:××年××月××日。

④方案报批报建时间:××年××月××日。

（2）**初步设计工作时间目标**

①初步设计模型及图纸提交时间:××年××月××日。

②设计概算提交时间:××年××月××日。

③初设报批报建时间:××年××月××日。

（3）**施工图设计工作时间目标**

①施工图设计模型及图纸提交时间:××年××月××日。

②施工图预算提交时间:××年××月××日。

③施工图报批报建时间:××年××月××日。

（4）**深化设计工作时间目标**

机电深化设计模型及图纸提交时间:××年××月××日。

2）设计进度控制工作流程

建设工程设计阶段进度控制的主要任务是出图控制，也就是通过采取有效措施使各专业设计负责人如期完成方案、初步设计、施工图设计等各阶段的设计工作，并提交相应的设计成果及说明。

在本任务设计实施过程中，由各专业负责人跟踪检查各专业设计进度计划的执行情况，并定期将实际进度与计划进度进行比较，进而纠正或修订进度计划，使设计工作进度始终处于可控状态。若发现进度滞后，专业负责人应督促专业设计师采取有效措施加快进度。若出现较大设计变更时，由专业负责人向项目负责人上报设计变更情况，由项目负责人与甲方、施工方等进行沟通，协调设计交付时间，调整设计进度计划。本项目设计进度控制流程如图 6-2-1 所示。

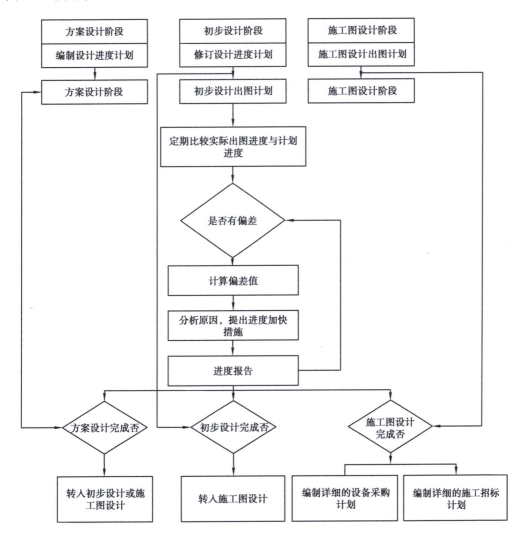

图 6-2-1　本项目进度计划控制流程图

在本项目设计实施过程中,通过定期(每周)召开项目会议、不定期开展专业内部沟通会议、工作进度填报、进度动态跟踪等方式对设计进度进行控制。

①定期(每周)召开项目会议,会议由设计负责人主持,各专业的专业负责人通报工作的进度情况。及时进行设计进度计划的调整和偏差分析,讨论实际出现问题的解决方法或建议。

②不定期开展专业内部沟通会议,主要是建筑、结构、给排水、电气、防排烟及通风空调各专业的专业负责人组织的专业内部会议,讨论各专业内部的设计问题,商量解决问题的办法或者建议。

③各设计人员定期撰写工作内容和工作进度报表,及时向各专业负责人报告。

④对关键工作和关键事件,可以考虑成立人员专门跟踪动态变化,有问题应及时反馈解决。

3)设计进度计划调整和偏差分析

由于实际工程设计阶段遇到各种复杂情况,往往各种因素都可能导致设计进度计划的偏差和调整。调整情况通常有以下几种类型:

①关键线路长度的调整:需要重新计算设计网络图的时间参数。

②非关键工作时差的调整:看看非关键线路调整后是否影响关键线路的时差。

③增减工作项目:需要重新调整相关事件的顺序和逻辑关系。应尽量不打乱整体而只调整局部。

④调整逻辑关系:局部增加或减少逻辑关系可能对计划产生较大影响。应避免影响原定计划和其他工作。

⑤重新估计某些工作的持续时间:实际工作消耗时间的偏差可以进行偏差分析。

⑥对资源的投入作局部调整:实际资源消耗的偏差也可以进行偏差分析,也可利用资源优化的方法减小影响。

在本任务施工图设计过程中,由甲方对功能区域提出了新的要求,建筑图中设备房、管井位置变化,导致给排水、暖通、电气专业设计变更。在此情况下,本任务通过协调项目设计人员,按时保质地完成施工图设计目标。

【任务总结】

本任务以设计进度计划为依据,对设计进度定期监测,将设计完成值与计划值相比,分析产生的偏差值,找出原因,提出进度修订计划,使进度始终保持在计划的控制之内,确保各阶段图纸如期提交。

【课后任务】

1.阐述工程项目设计进度控制的意义。

2.设计进度控制的实质是什么?

3.阐述造成进度计划调整的原因。

4.阐述常见的进度控制措施。

项目 7　设计质量管理

任务 1　设计质量计划

【任务信息】

以"某宿舍楼项目"为基础,根据项目进度计划制订的流程分析并总结编制设计质量计划和人员配置计划,及时发现项目设计质量中的问题并反馈,进行针对性的有效控制,降低对总体质量的影响,保证出图质量及工期。

【任务分析】

为合理设计质量计划的定义监控范围,明确设计阶段及里程碑节点,需制订项目质量计划书。本项目设计阶段设计质量管理流程如图 7-1-1 所示。

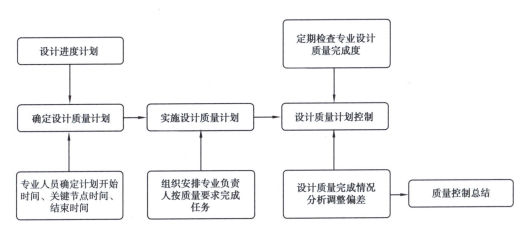

图 7-1-1　设计质量管理流程

【任务实施】

1) 设计质量计划的定义监控范围,明确设计阶段及里程碑节点

根据设计进度计划,明确设计质量计划工作范围及设计阶段,机电工程 BIM 设计内容包含多个设计阶段,各设计阶段的成果输出节点及内容侧重点有所不同。

（1）方案设计阶段

此阶段设备专业的主要工作任务为确定各专业设计根据建筑专业提供的建筑信息进行的初步布置是否合理。以本项目给排水专业为例，室内消火栓箱每层布置的个数及位置、水井布置位置等。根据设计质量标准进行审查。

（2）初步设计阶段

设备专业在此阶段的主要内容为对全专业进行的建筑内部净高要求是否符合业主要求、管线预综合处理是否合理进行审查。

（3）施工图设计阶段

施工图设计阶段为本项目的主要内容，是整个 BIM 协同设计过程中高质量的体现。在协同过程中对设计质量问题及时提出并进行调整，保证了设计质量计划的时间节点，同时提高了项目的设计质量。

2）制订项目质量计划书

（1）确定设计质量标准

在确定质量计划书时需要结合项目的自身特点及项目委托方需求，对基础质量要求进行修改和优化，制订适用于本项目的设计质量标准，满足项目的差异化要求。

（2）确定工作时间

在项目进度执行过程中，不同阶段的成果需要的时间不同，同时不同阶段的成果输出顺序也不同，在确定各项工作需要的时间后，项目设计质量计划真实地反映出项目执行过程中质量的情况。

（3）编制项目质量计划书

根据项目里程碑节点、设计质量标准、工作时间等数据，采用 Project、Excel 以及其他项目进度计划软件编制项目质量计划书。此外，在计划编制时还应考虑各种风险的存在，使进度留有余地，具有一定的弹性。以便在质量控制时，可利用这些弹性提高设计质量，缩短工作持续时间，或改变工作之间的搭接关系，确保项目工期目标的实现。

【任务总结】

本任务编制完成了一个质量管控标准，首先根据相关标准和业主要求，梳理出设计质量基础标准；其次根据本项目特征与重难点制订相应的设计质量管控标准，如图 7-1-2 所示。

BIM 设计图纸质量管控标准					
项目名称					
序号	专业	部位/子项	核查控制项	审查结果	
				是否正确	是否修改
1	完整性	1. 出图楼层是否为单独规程，三维视图与出图楼层是否对应，提交的成果是否完整，命名是否规范			

BIM 设计模型质量管控标准					
项目名称					
序号	专业	部位/子项	核查控制项	审查结果	
				是否正确	是否修改
1		模型完整性	提交的模型文件是否完整，命名是否规范，各专业视图是否明确（平面、三维），出图楼层是否为单独规程，三维视图与出图楼层是否对应，三维视图角度是否为"前右"，模型保存界面是否三维视角（单层或整理）		
2	建筑	墙体	1. 墙体尺寸、定位等是否正确，建筑砌块墙顶标高是否至结构板底或梁底，墙底标高是否至建筑底板或结构梁板顶（降板区域）		
3			2. 楼梯间、夹层、暗装消火栓等位置墙体是否表达正确		
4		楼面	1. 楼面建筑完成面标高、开洞是否正确		
5			2. 建筑板与结构板之间回填厚度是否正确		
6			3. 降板区域表达是否正确		
7		屋面	1. 屋顶机房、楼梯检修口、排风井、固定窗、烟囱等构件设置是否正确		

图 7-1-2　BIM 设计图纸质量管控标准

【课后任务】

1. 简述设计质量计划编制目的。
2. 简述设计质量计划书编制要点。

任务 2　设计质量管理

【任务信息】

以"某宿舍楼项目"为基础，以进度计划书为依据，完成设计质量计划书之后，需对计划保持过程跟踪，确保计划目标的实现，对设计质量控制过程中出现的偏差（成果提交时间推迟，设计质量不合格等），需要及时对出现偏差的计划进行偏差分析、计划调整，保证设计质量的同时实现计划工期。

【任务分析】

我国国家标准《质量管理体系 基础和术语》(GB/T 19000—2016)对质量的定义为：一组固有特征满足要求的程度。质量的主体不但包括产品，而且包括过程、活动的工作质量，还包括质量管理体系运行的效果。工程项目质量管理是指在力求实现工程项目总目标的过程中，为满足项目的质量要求所开展的有关管理监督活动。影响机电工程设计质量的控制因素及优势有：

1）工程项目质量管理中存在的问题

工程项目质量管理方面存在的问题主要表现在：

（1）设计人员专业技能不足

设计人员的工作技能、职业操守和责任心都对工程项目的最终质量有重要影响。但是现在的建筑市场上，设计人员的专业技能普遍不高，绝大部分没有参加过技能岗位培训或未取得有关岗位证书和技术等级证书。因此，很多设计质量问题的出现都是由设计人员的专业技能不足造成的。

（2）不按设计规范进行设计

为了保证工程设计的质量，国家制定了一系列有关工程设计各个专业的质量标准和规范。同时每个设计项目都有自己的设计资料，规定了设计项目在设计过程中应该遵守的规范。但是在实际项目设计的过程中，这些规范和标准经常被突破，一是因为人们对设计和规范的理解存在差异，二是由于管理的漏洞，造成工程设计无法实现预定的质量目标。

（3）各个专业工种相互影响

工程设计的建设是一个系统、复杂的过程，需要不同专业、工种之间相互协调，相互配合才能很好地完成。但是在工程实际中往往由于专业的不同，或者所属单位的不同，各个工种之间很难在事前做好协调沟通。这就造成了在实际设计中各专业工种配合不好，使得工程设计的进展不连续，或者需要经常返工，以及各个工种之间存在碰撞，相互干扰，严重影响了工程设计的质量。例如，水电等其他专业队伍与主体专业队伍的工作顺序安排不合理，造成水电专业设计时在承重墙、板、柱、梁上随意凿沟开洞，破坏了主体结构，影响了结构安全的质量问题。

2）传统技术产生问题的原因

（1）设计方对效益的过分追求

追求效益最大化是一个企业生存的目标，但是考虑到成本与质量的相互关系，设计企业过分地追求额外效益会对工程设计的质量产生影响。套用样板、为满足方案不考虑设备安装落地性等事件在工程设计行业内时有发生，考验着设计行业的人员素质和社会责任心。

（2）质量管理方法很难充分发挥其作用

建筑业经过长期的发展已经积累了丰富的管理经验，在此过程中，通过大量的理论研究和专业积累，工程设计的质量管理也逐渐形成了一系列的管理方法。但是工程实践表明，大部分管理方法在理论上的作用很难在工程实际中得到发挥。由于受实际条件和操作工具的限制，这些方法的理论作用只能得到部分发挥，甚至得不到发挥，影响了工程设计质量管理的工作效率，造成工程设计的质量目标最终不能完全实现。

（3）BIM 机电工程设计质量管理的优势

传统的 2D 管控质量的方法是将各专业平面图叠加，结合局部剖面图，设计审核校对人员凭经验发现错误，难以全面。

BIM 参数化的质量管控,是利用 BIM 模型,自动实时检测管线碰撞,精确性高。2D 质量管控和 BIM 质量管控的比较见表 7-2-1。

表 7-2-1　2D 质量管控和 BIM 质量管控的比较

2D 质量管控缺陷	BIM 质量管控优点
手工整合图样,凭经验判断,难以全面分析	Revit 软件全面检验各专业间碰撞,精准度高
均为局部调整,存在顾此失彼的情况	任意位置剖切大样及轴测图大样,观察并调整该处管线标高关系
标高多为原则性确定相对位置,大量管线没有精确标高	可在各阶段做全面净高分析
通过"平面+局部剖面"的方式,对多管交叉的复杂节点部位表达不充分	在综合模型中直观表达复杂节点部位
在净高要求非常高的复杂情况下,2D 管线综合局限性明显	可多方面多形式表达管线综合复杂部位

【任务实施】

工程项目设计质量审查应用:

（1）多级校审

①一级校审。在项目执行过程中,由本项目专业负责人根据设计质量管控标准的模型、图纸及其他成果核查项,结合项目需求对成果文件进行逐一检查并做相应记录,核查内容主要包括模型完整度、设备位置是否合理、管线优化原则、各专业碰撞数量、设计变更、图纸信息完整性及简洁美观等审查要点。本环节审查要点内容涵盖较全面,项目专业负责人可以按建模、深化、出图,分阶段进行校审,对过程中出现的变更及时做好修订和更新。项目专业负责人在项目相应内容完成时开始校审,直至项目关闭。

在"某宿舍楼项目"建模前期,通过各专业针对空间狭小、管线复杂的区域,协同设计 2D 局部剖面图,如图 7-2-1 所示。在建模前期解决部分潜在的管线碰撞问题。

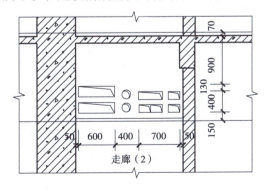

图 7-2-1　管线综合局部剖面图

②二级审核。由本项目执行负责人根据设计质量管控标准的关键点检查项，结合项目需求对成果文件进行逐一检查并做相应记录，针对影响项目质量的关键点进行重点核查，若此阶段核查不到位可能会导致项目后期返工或重新优化等情况。项目关键点主要包括楼梯平台、入口大堂、电梯厅等关键位置的净高，各专业翻弯是否合理，大样做法是否缺失，检修空间是否留足，碰撞个数等内容，若校审结果不合格则继续修改。项目执行负责人在本项目每个里程碑节点(土建模型搭建完成、机电模型搭建完成、土建优化完成、机电管线平铺完成、机电管线标高调整完成、机电管线碰撞调整完成、土建预留洞口完成、机电管线系统标注、机电管线定位标注完成等)完成时进行审核，至最终项目关闭。

在"某宿舍楼"中，使用 Revit 软件进行专业间优化及碰撞检测，并提供检测报告及修改意见，保证设计质量达到项目标准，如图 7-2-2 所示。

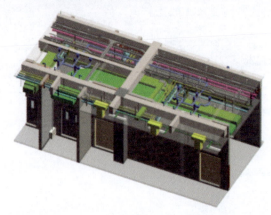

图 7-2-2　某宿舍楼局部 3D 透视图

③三级审定。由项目经理根据设计质量管控标准，结合项目需求，对模型整体的内容、深度及质量进行审定，避免出现错误、缺项、漏项等原则性的问题，保证设计模型合理准确，审核设计成果整体质量，规范性、完整性等，若未达到管控标准，则继续返回修改，直到最终成果完整正确且满足项目委托方需求。本阶段校审时间为项目委托方阶段性交付成果及最终交付成果完成时，至项目关闭，根据交付节点输出质量报告，如图 7-2-3 所示。

（2）移动终端管理

采用移动终端、RFID 等技术，把工厂制造的部件，从设计、采购、加工、运输、安装、使用的全过程与 BIM 模型集成。实现数据库化、可视化管理，避免任何一个环节出现问题给设计进度和设计质量带来影响。

（3）质量管理

①产品质量管理。BIM 模型存储了大量的建筑构件、设备信息。通过软件平台，可快速查找所需的材料及构配件信息，如规格、材质、尺寸要求等，并可根据 BIM 设计模型，对现场施工作业产品进行追踪、记录、分析，掌握现场施工的不确定因素，避免不良后果的出现，监控设计质量。

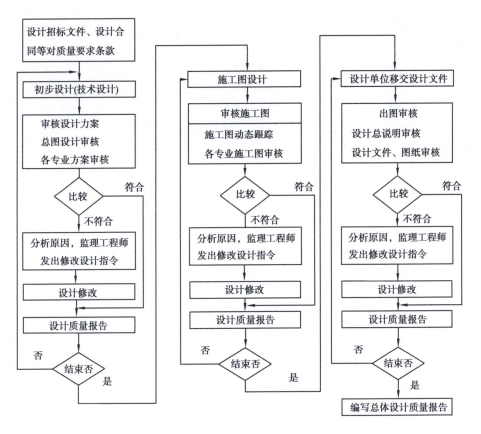

图 7-2-3　三级审定流程

②技术质量管理。通过 BIM 的软件平台动态模拟施工技术流程,再由施工人员按照仿真施工流程施工,确保设计技术信息的传递不会出现偏差,避免出现实际做法与计划做法不一样的情况,减少不可预见情况的发生。

【任务总结】

本任务完成了总体设计质量报告,首先对各阶段的设计成果进行审查,并对设计修改后的质量报告进行复核,整理出设计质量报告、设计全过程质量报告,最后得出总体设计质量报告。

【课后任务】

1. 阐述工程设计传统设计质量管理存在的问题。
2. 对比传统质量管理与基于 BIM 的设计质量管理,后者有哪些优势?
3. 阐述工程项目设计质量审查的主要应用。

项目 8 设计交付管理

任务 1 设计交付内容

【任务信息】

本任务以"某宿舍楼"为例,进行设计交付内容相关知识的梳理。本项目位于重庆市,在项目实施前,重庆市已发布《建筑工程信息模型设计标准》《建筑工程信息模型设计交付标准》等 12 部关于 BIM 技术推广应用的地方标准,再结合国家标准要求,拟定本项目在设计实施中采用的设计依据,成果交付内容及深度满足国标及地标的双重要求,相关 BIM 标准见表8-1-1。

表 8-1-1　BIM 技术相关标准统计表

序号	名称	编号
1	建筑信息模型应用统一标准	GB/T 51212—2016
2	建筑工程设计信息模型制图标准	JGJ/T 448—2019
3	建筑信息模型分类和编码标准	GB/T 51269—2017
4	建筑信息模型设计交付标准	GB/T 51301—2018
5	建筑工程信息模型设计标准	DBJ50/T-280—2018
6	建筑工程信息模型设计交付标准	DBJ50/T-281—2018
7	市政工程信息模型设计标准	DBJ50/T-282—2018
8	市政工程信息模型交付标准	DBJ50/T-283—2018
9	工程勘察信息模型设计标准	DBJ50/T-284—2018
10	工程勘察信息模型交付标准	DBJ50/T-285—2018
11	重庆市工程勘察信息模型实施指南	—
12	重庆市建筑工程信息模型交付技术导则	—
13	重庆市建设工程信息模型设计审查要点	—
14	重庆市建筑工程信息模型实施指南	—
15	重庆市建设工程信息模型技术深度规定	—
16	重庆市市政工程信息模型实施指南	—

【任务分析】

由于本项目机电专业在方案设计阶段未介入,为了保证本节内容同设计进度、设计质量章节匹配,且为了更全面理解设计交付相关知识内容,现扩大专业范围至建筑、结构、机电。按照设计阶段进行方案设计、初步设计、施工图设计各阶段 BIM 模型及成果交付内容。

【任务实施】

1) 本项目设计阶段 BIM 模型构件表达内容

①建筑专业各设计阶段模型交付内容,见表 8-1-2。

表 8-1-2　建筑专业各设计阶段模型交付内容

类别	包含元素	表达等级		
		方案设计阶段	初步设计阶段	施工图设计阶段
场地	用地红线	▲	▲	▲
	现状地形	▲	▲	▲
	现状道路、广场	▲	▲	▲
	现状景观绿化/水体	▲	▲	▲
	现状市政管线	—	△	▲
	新(改)建地形	△	▲	▲
	新(改)建道路	△	▲	▲
	新(改)建绿化/水体	—	△	▲
	新(改)建室外管线	—	△	▲
	现状建筑物	▲	△	△
	新(改)建建筑物	▲	—	—
	散水/明沟、盖板	—	△	▲
	停车场	▲	△	▲
	停车场设施	—	△	▲
	室外消防设备	—	△	▲
	室外附属设施	△	△	▲
墙体/柱	基层/面层	—	△	▲
	保温层	—	△	▲
	防水层	—	△	▲
	安装构件	—	—	△

续表

类别	包含元素	表达等级		
		方案设计阶段	初步设计阶段	施工图设计阶段
幕墙	支撑体系	—	△	▲
	嵌板体系	—	▲	▲
	安装构件	—	—	▲
门窗	框材/嵌板	—	△	▲
	填充构造	—	△	▲
	安装构件	—	—	△
屋面	基层/面层	—	△	▲
	保温层	—	△	▲
	防水层	—	△	▲
	安装构件	—	—	△
楼/地面	基层/面层	—	△	▲
	保温层	—	△	▲
	防水层	—	△	▲
	安装构件	—	—	△
楼梯	基层/面层	—	△	▲
	栏杆/栏板	—	△	▲
	防滑条	—	△	△
	安装构件	—	△	▲
内墙/柱	基层/面层	—	△	▲
	防水层	—	—	△
	安装构件	—	—	△
内门窗	框材/嵌板	—	△	▲
	填充构造	—	△	▲
	安装构件	—	—	△

续表

类别	包含元素	表达等级		
		方案设计阶段	初步设计阶段	施工图设计阶段
建筑装修	室内构造	—	△	▲
	地板	—	△	▲
	吊顶	—	△	▲
	墙饰面	—	△	▲
	梁柱饰面	—	△	▲
	天花饰面	—	△	▲
	楼梯饰面	—	△	▲
	指示标志	—	—	△
	家具	—	△	△
	设备	—	△	▲
运输设备	主要设备	—	△	△
	附件	—	△	▲

注：表中"▲",表示应包含的构件,"△",表示宜包含的构件,"—",表示可不具备的构件。

②结构专业各设计阶段模型交付内容,见表 8-1-3。

表 8-1-3　结构专业各设计阶段模型交付内容

类别	包含元素	表达等级		
		方案设计阶段	初步设计阶段	施工图设计阶段
结构及基础	混凝土结构柱	—	△	▲
	混凝土结构梁	—	△	▲
	预留洞	—	△	▲
	剪力墙	—	△	▲
	楼梯	—	△	▲
	楼板	—	△	▲
	钢节点连接样式	—	△	▲
	基坑	△	▲	▲

注：表中"▲",表示应包含的构件,"△",表示宜包含的构件,"—",表示可不具备的构件。

③给排水专业各设计阶段模型交付内容,见表8-1-4。

表 8-1-4　给排水专业各设计阶段模型交付内容

类别	包含元素	表达等级		
		方案设计阶段	初步设计阶段	施工图设计阶段
消防水	管道、阀门及附件	—	▲	▲
	管道支架	—	△	△
	水泵	—	▲	▲
	水表或流量表	—	△	▲
	其他消防专用设备	—	▲	▲
	水塔、水箱、水罐或水池	—	▲	▲
给水系统	管道、阀门及附件	—	△	▲
	管道支架	—	△	△
	水泵	—	▲	▲
	水表或流量表	—	▲	▲
	水塔、水箱、水罐或水池	—	▲	▲
	水处理装置	—	△	▲
	卫生器具的出水设备 （龙头、花洒等）	—	△	▲
排水系统	卫生器具、雨水口及存水弯	—	△	△
	管道、闸门及附件	—	△	▲
	管道支架	—	△	△
	检查井、溢流井、跌水井等	—	▲	▲
	水泵	—	▲	▲
	水池、水处理装置、水处理构筑物	—	▲	▲

注:表中"▲",表示应包含的构件,"△",表示宜包含的构件,"—",表示可不具备的构件。

④暖通专业各设计阶段模型交付内容,见表 8-1-5。

表 8-1-5　暖通专业各设计阶段模型交付内容

类别	包含元素	表达等级		
		方案设计阶段	初步设计阶段	施工图设计阶段
暖通风	风管	—	▲	▲
	管件	—	▲	▲
	附件	—	△	△
	风口	—	▲	▲
	末端	—	▲	▲
	阀门	—	△	▲
	风机	—	▲	▲
	空调箱	—	▲	▲
暖通水	暖通水管道	—	▲	▲
	管件	—	▲	△
	附件	—	—	△
	阀门	—	△	▲
	仪表	—	—	△
	冷热水机组	—	▲	▲
	水泵	—	▲	▲
	锅炉	—	▲	▲
	冷却塔	—	▲	▲
	板式热交换器	—	△	▲
	风机盘管	—	▲	▲

注:表中"▲",表示应包含的构件,"△",表示宜包含的构件,"—",表示可不具备的构件。

⑤电气专业各设计阶段模型交付内容，见表 8-1-6。

表 8-1-6　电气专业各设计阶段模型交付内容

类别	包含元素	表达等级		
		方案设计阶段	初步设计阶段	施工图设计阶段
动力	桥架	—	△	▲
	桥架配件	—	△	▲
	柴油发电机	—	▲	▲
	柴油罐	—	▲	▲
	变压器	—	▲	▲
照明	开关柜	—	△	▲
	灯具	—	△	▲
	灯具（应急）	—	▲	▲
	母线	—	▲	▲
	开关插座	—	△	▲
消防	消防设备	—	▲	▲
	报警装置	—	△	▲
	安装附件	—	△	△
防雷	接地装置	—	△	▲
	测试点	—	△	▲
	断接卡	—	△	▲
安防	监测设备	—	△	▲
	终端设备	—	△	▲
通信	通信设备机柜	—	△	▲
	监控设备机柜	—	△	▲
	通信设备工作台	—	△	▲
自动化	路闸	—	△	▲
	智能设备	—	△	▲

注：表中"▲"，表示应包含的构件，"△"，表示宜包含的构件，"—"，表示可不具备的构件。

2) 本项目设计阶段 BIM 成果内容

本项目在设计实施前(策划阶段),根据业主要求及项目 BIM 总协调方要求,还需制订项目设计 BIM 实施方案、实施导则、实施标准以及根据模型进行出图、工程量统计等,设计阶段交付包括但不限于以下内容,见表 8-1-7。

表 8-1-7　设计阶段交付成果

序号	阶段	交付项目	交付描述
1	策划阶段	某宿舍楼项目设计 BIM 实施方案	编制某宿舍楼项目设计 BIM 实施方案,包含软件版本、应用目的、范围、内容等
2		某宿舍楼项目设计 BIM 实施导则	编制某宿舍楼项目设计 BIM 实施导则,包含协同工作分工、交付格式及内容、BIM 组织方式等
3		某宿舍楼项目 BIM 实施标准	编制某宿舍楼项目设计 BIM 实施方案,包含模型编码标准、模型命名标准、模型颜色标准等
4	方案设计阶段	方案模型	根据业主要求创建多方案宿舍楼体量模型,并进行方案比选、方案推敲,形成最终方案
5		性能仿真分析	对宿舍楼的建筑能耗、安全、绿色及使用性能等进行分析,优化建筑指标,并形成采光分析报告、日照分析报告、节能分析报告、噪声分析报告、人流疏散分析报告、交通分析报告等
6		方案效果表达	对宿舍楼最终方案进行设计思想视觉效果表达
7		方案 BIM 图纸	满足《建筑工程设计信息模型制图标准》的宿舍楼 BIM 建筑出图
8	初步设计阶段	初步设计模型	对宿舍楼的总图、建筑、结构、给排水、暖通、电气专业模型进行创建,满足初步设计深度
9		碰撞检测优化	对宿舍楼建筑、结构、给排水、暖通、电气全专业初步进行协同碰撞检测,形成优化分析报告
10		初设 BIM 图纸	满足《建筑工程设计信息模型制图标准》的宿舍楼初设给排水、暖通、电气专业出图
11		工程量统计	根据宿舍楼初设模型对给排水、暖通、电气专业清单工程量进行统计,并导出明细表

续表

序号	阶段	交付项目	交付描述
12		施工图设计模型	基于宿舍楼初设模型细化总图、建筑、结构、给排水、暖通、电气专业的构件,到达施工图深度要求
13		管线综合	在宿舍楼建筑、结构模型为参照空间下,调整排水、暖通、电气专业管线,使建筑净高、建筑房间功能满足业主要求
14		冲突检测及优化	对宿舍楼建筑、结构、给排水、暖通、电气全专业进一步进行协同碰撞检测并优化,形成优化分析报告
15	施工图设计阶段	竖向净空分析及优化	基于宿舍楼各专业模型,优化机电管线排布方案,对建筑物最终竖向设计空间进行检测分析,给出最优净空高度,形成优化分析报告
16		施工图 BIM 图纸	满足《建筑工程设计信息模型制图标准》的宿舍楼施工图给排水、暖通、电气、预留预埋出图
17		工程量统计	根据宿舍楼施工图模型对给排水、暖通、电气专业清单工程量进行统计,并导出明细表
18		虚拟仿真漫游	基于优化后的宿舍楼模型,通过漫游动画形式展现宿舍楼建成后效果

3)本项目设计阶段各项成果基本要求

(1)建筑性能分析报告

基于 BIM 模型进行日照分析、烟气模拟、疏散模拟等一系列的性能分析及模拟,用于优化设计方案,在进行成果交付时,同时将性能分析、模拟报告及视频一并交付项目业主。

(2)冲突检测

①冲突检测是基于各专业模型,应用 BIM 软件检测设计阶段各专业间设计及施工预留空间碰撞,完成项目设计图纸范围内各专业管线布设与建筑、结构平面布置和竖向净空相协调的三维协调设计工作,以避免空间冲突,减少碰撞,避免设计错误传递到施工阶段。

②冲突检测报告包括项目工程阶段,被检测模型的精细度,检测版本和检测日期,冲突检测范围,冲突检测规则,冲突检测结果。

③本项目在冲突检测报告交付时详细记录了调整前各专业模型之间的冲突和碰撞,管线综合及冲突检查的基本原则,并提供了冲突和碰撞的解决方案,且对空间冲突、管线综合优化前后进行对比说明,如图 8-1-1 所示。

BIM协同设计问题报告

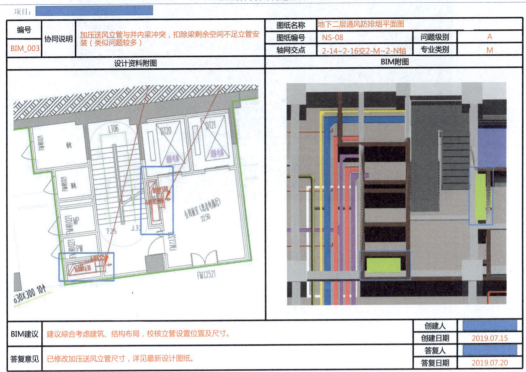

项目：

编号	协同说明	加压送风立管与井内梁冲突，扣除梁剩余空间不足立管安装（类似问题较多）	图纸名称	地下二层通风防排烟平面图		
BIM_003			图纸编号	NS-08	问题级别	A
			轴网交点	2-14~2-16交2-M~2-N轴	专业类别	M

设计资料附图	BIM附图

BIM建议	建议综合考虑建筑、结构布局，校核立管设置位置及尺寸。	创建人	
		创建日期	2019.07.15
答复意见	已修改加压送风立管尺寸，详见最新设计图纸。	答复人	
		答复日期	2019.07.20

图 8-1-1　本项目冲突检测分析报告

（3）工程量清单

①基于本项目设计阶段各专业模型，对工程量进行自动统计，再结合斯维尔 forRevit 插件，对宿舍楼给排水、暖通、电气专业进行设计阶段的概算，导出工程量清单。

②本项目工程量清单原始数据全部由 BIM 模型导出，导出的工程量清单按照国家现行的工程量清单计价规范要求进行整理后再提交；各专业工程量清单统计数据满足各阶段模型深度包含的构件内容。

③交付成果包括工程量清单、工程概算表。

（4）竖向净空优化报告

竖向净空优化的主要目的是基于各专业模型，优化机电管线排布方案，对宿舍楼最终的竖向设计空间进行检测分析，并给出最优的净空高度。

（5）虚拟仿真漫游

利用 BIM 软件模拟宿舍楼的三维空间，通过漫游、动画的形式提供身临其境的视觉和空间感受，及时发现不易察觉的设计缺陷或问题，减少由于事先规划不周全而造成的损失。虚拟仿真漫游需交付相应的动画视频，应能清晰地表达建筑物的设计效果，并反映主要空间布置，如图 8-1-2 所示。

图 8-1-2　本项目利用 Fuzor 软件进行轻量化漫游

【任务总结】

本任务基于 BIM 模型对方案设计、初步设计、施工图设计各阶段的 BIM 成果进行制作，除设计模型、设计图纸外，其余成果包括碰撞检测优化报告、管线综合报告、竖向净空分析及优化报告、工程量统计明细表、虚拟仿真漫游动画等。

【课后任务】

1. 请结合设计各阶段模型构建深度，根据实际案例创建方案、初设、施工图各专业模型。
2. 基于施工图模型进行施工图阶段 BIM 应用，并形成成果。

任务 2　设计交付流程

【任务信息】

本任务以"某宿舍楼"为例，进行设计交付流程的相关知识梳理，本项目实施团队按照其内部组织架构对机电工程设计成果进行逐级移交验收审核，确保成果的正确性、协调性、完整性及一致性。

【任务分析】

项目实施完成后，需对成果进行验收，也称为项目范围核实或移交，它是核查项目计划规定范围内各项工作或活动是否已经全部完成，可交付成果是否满足要求，并将核查结果记录在验收文件中的一系列活动。在项目成果经审核完成达到标准后，本项目 BIM 团队依据项目合同整理各阶段交付成果，移交成果给项目业主，经业主负责人验收签字后，完成成果移交。成果移交工作的完成标志着 BIM 项目实施正式结束。项目成果交付流程，如图 8-2-1 所示。

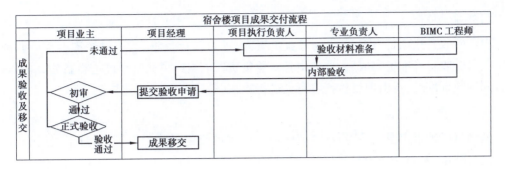

图 8-2-1　设计阶段项目成果交付流程

【任务实施】

1）验收材料准备

在宿舍楼项目各设计阶段实施成果完成后,项目执行负责人和项目实施团队成员根据合同要求对项目模型成果、图纸成果、文档成果、视频成果进行整理,交付成果的交付格式需与合同约定一致,严格按照项目模型交付标准执行,同时按照交付成果顺序填写"设计成果交付清单",如图 8-2-2 所示。

设计成果交付清单

编号:××××

项目名称	宿舍楼工程		
甲　　方	×××公司		
乙　　方	×××公司		
文件名称	宿舍楼工程_地下车库_BIM设计成果文件		
说　　明	设计成果: 01.BIM 深化设计平面图,包括机电管综平面图、剖面大样、预留预埋、水暖电单专业平面图; 02.深化设计模型,包括机电模型、土建模型; 03. 模型漫游发布文件,用于轻量化模型漫游展示; 04.BIM协同设计问题报告,BIM设计同土建设计来回沟通的问题记录; 05.成果汇报PPT。 提交时间:2021 年9月1号		
单　　位	联络人	部门负责人 /项目负责人	日　　期
甲　　方			年　月　日　时
乙　　方			年　月　日　时

注:
1.联络人为甲乙双方设计项目联络人,负责人为甲乙双方设计项目负责任人,部门负责人为双方设计部门负责人(联络人、负责人、部门负责人应在设计协议中明确)。时间为发出及收到此通知书的时间。
2.此表格一式两份,甲乙双方各执一份。
3.此表格应以纸质文件形式发送和留存。

图 8-2-2　设计成果交付清单

2) 内部验收

内部验收是指项目 BIM 团队各专业负责人、项目执行负责人、项目经理参与验收的过程。项目验收材料准备完成后，首先由各专业负责人依据成果验收标准进行自检，经检查达到合同验收标准后，再由项目执行负责人进行审核，最后由项目经理审定。

3) 成果验收及交付

经项目经理审定通过后，项目经理向项目业主提交项目验收申请，同时正式提交"设计成果交付清单"及对应的项目成果。待项目业主收到项目验收申请后，组织项目验收小组结合合同内容和"设计成果交付清单"对项目成果进行完整性检查，经检查没有缺项、漏项时，再组织对项目成果验收。最终项目成果满足协定验收标准后，项目经理对项目进行最终完成确认。

验收通过后，由项目经理整合成果交付文件，移交项目成果给业主，同时项目业主和项目经理需在"设计成果交付清单"上签字确认，其中，"设计成果交付清单"一式两份，BIM 团队和项目委托方各保留一份。

【任务总结】

本任务基于宿舍楼工程对设计交付内容及交付流程进行梳理，设计交付内容需满足相关标准要求，对交付成果需严格按照交付流程执行，确保设计质量、满足业主要求。

【课后任务】

简述项目成果交付的流程及注意事项。

模块3

建筑设备工程BIM施工管理

【教学目标】

[建议学时]

18+10(实训)。

[素质目标]

培养运用 BIM 新技术进行建筑设备工程施工管理的能力。

[知识目标]

掌握建筑设备工程施工阶段的 BIM 应用方法和 BIM 管理方法。

[能力目标]

能够基于 BIM 项目管理平台进行设备工程施工管理。

《建筑信息模型施工应用标准》(GB/T 51235—2017)

项目 9　施工阶段 BIM 应用

任务 1　管线深化

【任务信息】

　　某住宅地下车库，建筑面积约 2.5 万 m²，在初步设计阶段，各专业基于建筑空间及设计规范将给排水管线路由末端、暖通防排烟风管及设备、电气强弱电桥架设计完成，由于设计周期紧、任务重、出图周期短，且机电各专业间交流较少，所有管线均没有合图和标注标高。BIM 深化单位介入后，迅速开展建模工作并依靠现场施工经验进行机电专业内的管线综合优化，使机电专业内各专业管线排布合理，最大限度地增加建筑使用空间，减少施工时由管线冲突造成的二次施工。本项目在优化时遇到如下问题：重力管线延程的不合理，水头损失较大；管线模拟安装时，出现因相互交叉、挤占空间而引起检修空间不足、降低楼层净高等问题。

【任务分析】

　　本项目管线综合优化的主要目的是基于各专业模型，应用 BIM 三维可视化技术检查施工图设计阶段中机电管线布置是否合理，完成设计图纸范围内各种管线布设与建筑、结构平面布置和竖向高程相协调的三维协同设计工作，综合协调地下车库平面区域或吊顶内各专业管线的路由，确保在有效的空间内合理布置各专业的管线，以保证吊顶的高度，同时保证机电各专业的有序施工，尽可能地避免设计错误传递到施工阶段，如图 9-1-1 所示。

【任务实施】

1) 制订管线排布方案

(1) 了解项目数据

　　在正式优化之前，BIM 机电工程师应充分了解项目基本数据信息。例如，结构形式(有梁、无梁、密肋梁)、有无找坡、梁跨度、降板区、层高、梁高、水暖电管线最大尺寸、防火卷帘尺寸(单侧包厢、双侧包厢)等一系列对净高有影响的因素。而针对精装项目除了以上数据外，还应考虑装饰数据，如天花预留空间、艺术造型、墙面、地面、百叶、末端点位等，避免在一次机电深化时未预留装饰安装空间导致返工。

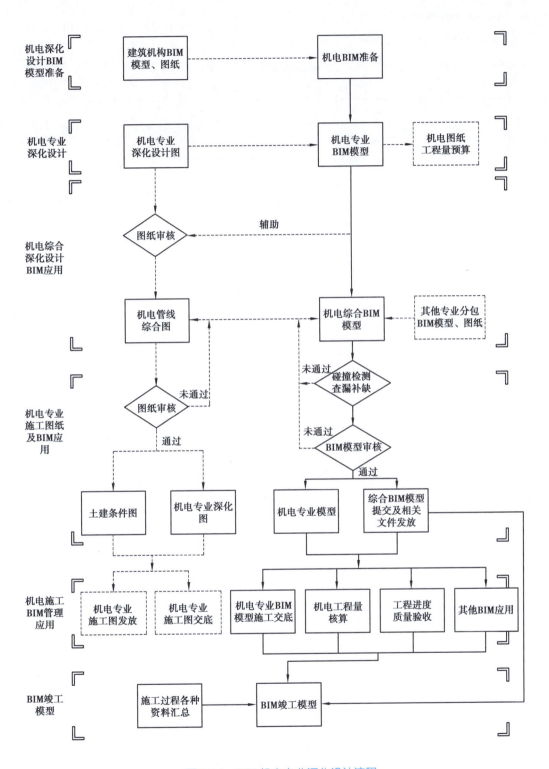

图 9-1-1　BIM 机电专业深化设计流程

（2）明确净高要求

由于不同项目各区域净高要求不同,在制订管线排布方案前,BIM 机电工程师需向项目委托方明确项目各区域的净高要求,通常需明确的区域可参考表 9-1-1。

表 9-1-1　各区域的净高控制数据

控制区域		净高控制/mm	层高/mm
楼层	位置		
B2	车道区域	满足使用要求≥2 400	3 600
	车位区域	满足使用要求≥2 200	
	汽车坡道	满足使用要求≥2 400	
	楼梯间前室、楼梯间、非精装区域走道	满足使用要求≥2 200	
	库房	满足使用要求≥2 400	
	设备机房	满足使用要求≥2 400	
	卫生间	2 400	
	电梯前室	2 400	
B1	车道区域	满足使用要求≥2 400	5 400
	车位区域	满足使用要求≥2 400	
	汽车坡道	满足使用要求≥2 400	
	楼梯间前室、楼梯间、非精装区域走道	满足使用要求≥3 000	
	商业	满足使用要求≥3 300	
	商业走廊、商业电梯厅	满足使用要求≥4 000	
	商业室外过廊	满足使用要求≥4 000	
	库房	满足使用要求≥2 400	
	设备机房	满足使用要求≥2 400	
	卫生间	满足使用要求≥3 000	
	电梯前室	满足使用要求≥3 000	
1F	商业	满足使用要求≥4 500	6 000
	商业走道、电梯厅	满足使用要求≥4 500	
	办公区域	满足使用要求≥2 800	
	大堂	满足使用要求≥9 000	
	非精装走道	满足使用要求≥2 400	
	设备机房	满足使用要求≥2 400	
	卫生间	满足使用要求≥2 400	
⋮	⋮	⋮	⋮

续表

控制区域		净高控制/mm	层高/mm
楼层	位置		
NF	办公	满足使用要求≥2 800	3 500
	办公走廊、电梯厅	满足使用要求≥2 600	
	卫生间	满足使用要求≥2 400	
	电梯楼梯间前室、楼梯间、非精装区域走道	满足使用要求≥2 400	
	设备机房	满足使用要求≥2 400	

（3）拟定管线排布方案

拟定管线排布方案需考虑成本、净高、美观、安装空间、检修空间等因素。管线排布方案在与向项目委托方确认达成一致后，BIM 机电专业负责人应第一时间在项目实施团队内公布，以保证项目各区域管线排布原则一致，避免 BIM 机电工程师出现不同管线排布思路，如图 9-1-2 所示。

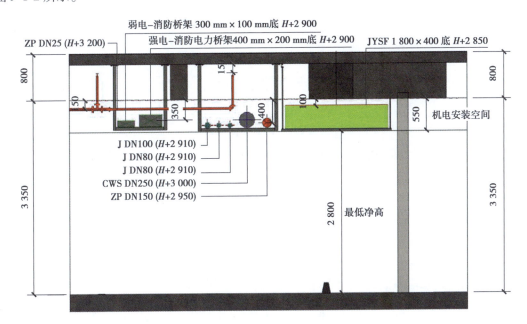

图 9-1-2　管线竖向排布方案

管线综合排布一般应满足以下原则：

①保证使用功能。不同专业管线间的距离，应尽量满足现场施工规范要求，在保证系统安全使用功能的前提下，尽可能地提高室内外净空高度，见表 9-1-2。主干管线集中布置，系统主干管原则上应布置在公共区域，尽量不布置在户内（图纸有特殊要求除外）。

表 9-1-2　管线避让原则

序号	避让原则	序号	避让原则
1	小管让大管	8	低压让高压
2	临时让永久	9	气体让液体
3	新建让已有	10	管道附件少让管道附件多
4	有压让重力	11	桥架让水管
5	金属让非金属	12	弱电让强电
6	冷水让热水	13	水管让风管
7	给水让排水	14	热水让冷冻

②方便施工。充分考虑和土建的交叉作业施工以及安装工序和条件,机电设备、管线对安装空间的要求,合理性确定管线的位置和距离。

③方便系统调试、检测和维修。充分考虑系统操作、调试、检测、维修各方面对空间的要求。

④美观。机电综合充分考虑各明装机电系统安装后外观整齐有序、间距均匀。

⑤结构安全。机电管线穿越结构构件,其预留洞口或套管的位置、大小需保证结构安全。

2）管线平铺

管线排布方案中已明确的各专业管线标高,根据上中下层的管线分布原则、项目特征及项目委托方要求进行调整,在管线综合模型中进行管线平铺调整。在管线平铺调整过程中,需要注意管线与墙柱、门窗、洞口等土建构件间的间距;水暖电专业间管线的间距;水暖电专业内管线间距;综合支架(抗震支架)管线间的间距;安装、检修间距等。以及管线不能与土建主体(结构柱、剪力墙、人防墙等)碰撞;管线平铺要整齐、美观(尤其是项目委托方关注的区域);复杂区域管线多,空间狭小时,可考虑管线多层排布,如图 9-1-3 所示。

3）管线标高及坡度调整

由于管线排布方案只是约束和统一各专业管线大致的标高,在完成管线平铺后,需要进一步对管线竖向标高及坡度进行调整,如图 9-1-4 所示。每根管线的具体标高需根据该区域结构形式、主次梁关系、梁高度、管线分布情况、管线尺寸及净高要求等因素进行相对灵活处理,如管线少的区域管线标高应尽量提高,不能完全按照管线排布原则的规定标高一调到底,同时类似管线布置区域管线标高要统一,不能有多个标高存在,且标高偏移量尽量控制为整数,末尾两位最好以 50 为模数,如图 9-1-5 所示。

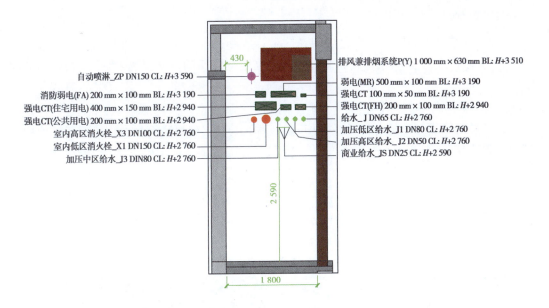

自动喷淋_ZP DN150 CL: *H*+3 590
消防弱电(FA) 200 mm × 100 mm BL: *H*+3 190
强电CT(住宅用电) 400 mm × 150 mm BL: *H*+2 940
强电CT(公共用电) 200 mm × 100 mm BL: *H*+2 940
室内高区消火栓_X3 DN100 CL: *H*+2 760
室内低区消火栓_X1 DN150 CL: *H*+2 760
加压中区给水_J3 DIN80 CL: *H*+2 760

排风兼排烟系统P(Y) 1 000 mm × 630 mm BL: *H*+3 510
弱电(MR) 500 mm × 100 mm BL: *H*+3 190
强电 CT 100 mm × 50 mm BL: *H*+3 190
强电CT(FH) 200 mm × 100 mm BL: *H*+2 940
给水_ J DN65 CL: *H*+2 760
加压低区给水_ J1 DN80 CL: *H*+2 760
加压高区给水_ J2 DN50 CL: *H*+2 760
商业给水_JS DN25 CL: *H*+2 590

图 9-1-3　管线多层排布

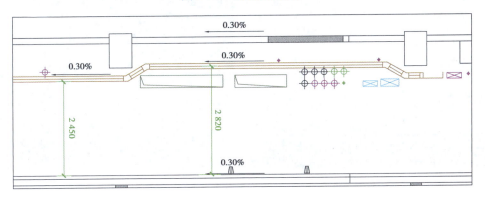

图 9-1-4　管线与结构板坡度一致

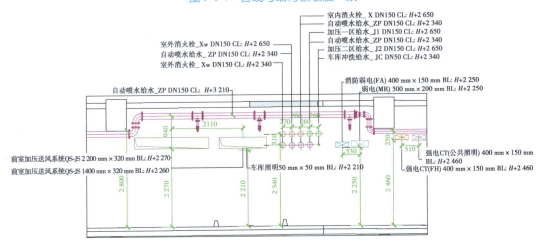

室内消火栓_ X DN150 CL: *H*+2 650
自动喷水给水_ZP DN150 CL: *H*+2 340
加压一区给水_ J1 DN150 CL: *H*+2 650
自动喷水给水_ZP DN150 CL: *H*+2 340
加压二区给水_ J2 DN150 CL: *H*+2 650
车库冲洗给水_ JC DN50 CL: *H*+2 340

室外消火栓_Xw DN150 CL: *H*+2 650
自动喷水给水_ZP DN150 CL: *H*+2 340
室外消火栓_ Xw DN150 CL: *H*+2 340

自动喷水给水_ZP DN150 CL: *H*+3 210

消防弱电(FA) 400 mm × 150 mm BL: *H*+2 250
弱电(MR) 500 mm × 200 mm BL: *H*+2 250

前室加压送风系统QS-JS 2 200 mm × 320 mm BL: *H*+2 270
前室加压送风系统QS-JS 1400 mm × 320 mm BL: *H*+2 260

车库照明50 mm × 50 mm BL: *H*+2 210

强电CT(公共照明) 400 mm × 150 mm BL: *H*+2 460
强电CT(FH) 400 mm × 150 mm BL: *H*+2 460

图 9-1-5　成排管线剖面图

4）碰撞调整

碰撞分为软碰撞和硬碰撞两种。软碰撞是指实际并没有碰撞,但间距和空间无法满足相关施工要求(安装、检修等);硬碰撞是指实体与实体之间的交叉碰撞。典型软、硬碰撞问题如下:

①软碰撞:管线未考虑保温层导致的空间不足,安装、检修预留空间不足等。

②硬碰撞:管线与建筑、结构构件(门、窗、楼梯、梁、柱、剪力墙等)的碰撞,对于结构构件(梁、柱、剪力墙等)与管线的碰撞除提前预留洞口且洞口满足规范要求外,其余碰撞均需调整;管线自身碰撞,即水暖电专业内和专业间的碰撞,这种碰撞需遵循一定的规则进行翻弯避让。

注意翻弯节点的处理(标高、角度、形式等),具体翻弯注意事项如下:

①同一位置,管线翻弯层数不超过 3 层。

②电气桥架和水管避让风管,电气桥架避让水管,如图 9-1-6 和图 9-1-7 所示。

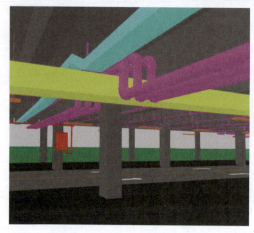

图 9-1-6　桥架和水管避让风管　　　　　　　　图 9-1-7　施工现场

③管线不能连续翻弯。

④成排管线翻弯高度、形式、角度应一致。

⑤暖通风管尽量不翻弯,若需翻弯以 45°、30°的形式翻弯。

⑥给排水专业水管通常以 90°形式翻弯,条件不允许时则采用 45°和 30°;重力排水管(重力雨水、废水、污水、冷凝水)禁止翻弯;虹吸雨水管应顺水流方向且不能上翻,管道不能呈上"凸"和下"凹"状。

【任务总结】

本任务完成了一个车库机电深化模型,如图 9-1-8 所示。通过对 BIM 模型进行管线深化及碰撞,检查 BIM 模型的完整性和合理性,确保模型满足相应施工工艺要求及出图要求。

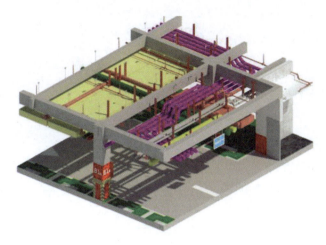

图 9-1-8　车库机电深化模型

【课后任务】

1. 结合本任务中的案例,概述在管线深化前,BIM 机电工程师需要了解项目哪些基本数据信息?

2. 请根据本任务中的知识点及案例进行机电管线平铺,并总结管线平铺需要从哪些方面考虑?

任务 2　机房深化

【任务信息】

针对任务 1 中某住宅地下车库制冷机房深化,首先了解到本项目的机房设备多,机电管线复杂,空间布置局限,作为项目委托方重点关注区域,BIM 机电工程师需着重对机房设备、管线进行全面梳理及优化,使其满足施工安装及运行维护要求。

【任务分析】

机房内管道规格较大且需要与机电设备进行连接。机房深化时 BIM 机电工程师需要考虑设备的运输路线、吊装口、施工工序、设备基础、预留预埋、机房内支架形式、机房空间大小、施工与安装空间、使用与检修等因素,根据机房的平面图纸和大样图纸进行综合管线的排布,尽量把能够成排布置的管线成排布置,并合理安排管道走向,减少管道在机房内的交叉、翻弯等现象。

机房深化流程首先需对机房位置进行确定,然后基于机房平面图、大样图、系统原理图明晰系统原理、梳理机房管线,并根据机房管线布置原则,调整机房内的设备、管线、基础、预留预埋等。

【任务实施】

1）确定机房位置

首先对某住宅地下车库制冷机房位置进行确定,对布置不合理的机房位置及时与建筑专业设计师反馈。

2）梳理机房内系统

在机房管线深化前,设备机房内布设应与实际采购设备尺寸规格和类型相似的模型,并对机电管线进行专业间的管线梳理,结合考虑施工顺序、施工工艺在机房有限的空间里进行系统梳理,如图 9-2-1 所示。

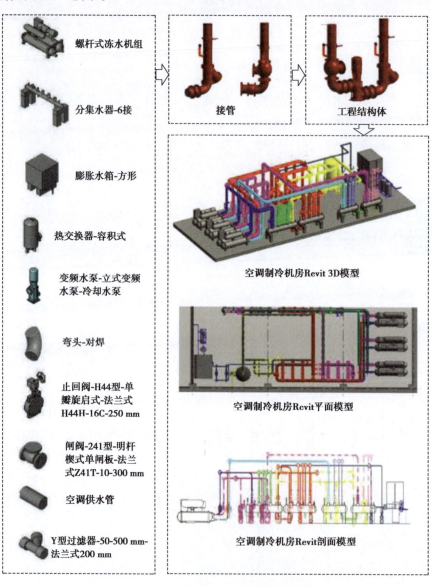

图 9-2-1　BIM 制冷机房深化设计图

在深化过程中,应遵循设备操作、维护方便的原则。空调制冷机房设备和管道应分散整齐,阀门应易于操作;管道应以最短距离连接到设备,以确保平稳的水流和插入泵出口时的液压动力损失。应尽可能地增加管道安装标高,以确保机房的净高度。

(1)预留施工、运维操作空间

如预留管道焊接、螺纹连接、管道保温安装的操作空间;阀门的安装除设计和规范安装要求外,还需要考虑阀门操作手柄的位置,并考虑将来操作和维护操作的便利性。

(2)考虑安装大修空间和人行道

在进行深入设计时,应考虑设备维护空间和人行通道空间,并应留出足够的安装距离,同时应考虑卡车通过的高度。

(3)利用梁间空间,提高房间净高

为了节省投资成本,建筑物的地板高度非常有限。例如,机房间的净高很高,没有太多空间来建造用于空调制冷系统的管道。大多数管道只能在安装过程中连接到横梁,即有效使用了横梁和横梁之间的空间。增加房间的净高度,改善用户体验,并增加价值。

3) 制冷机房 BIM 深化设计

①机房设备定位、管线排布预留行走及检修通道,便于维护管理。

②机房管道尺寸较大,为提升空间,主水管尽量单层布置,也便于整体支架设置。

③机房其余管线设置在主水管之上,利于机房管线接驳设备。

④排布管线时要考虑出入口的管线能否合理连接(一般情况下,机房出入口的接口位置需考虑阀门、仪表等需要的安装空间)。

⑤水泵成排安装时,供、回水管及阀门应分别安装在一条线上,且相同水泵的阀门安装在同一高度,阀门间短管长度为 150～300 mm,相同水泵短管长度相同。

⑥为方便后期检修及排污,过滤器安装位置宜 1 300～1 500 mm。

⑦卧式水泵安装时需设置减震台座,台座的重量与水泵的运行重量相匹配。

⑧落地支架成排成线,冷冻水弯管支撑采用防冷桥措施,支架底部设护墩保护。

⑨在管线布置合理的情况下需考虑安装托架、吊架承重效果与该位置安装是否方便。

⑩机电管线穿越结构构件,其预留洞口或套管的位置、大小必须保证结构安全。

【任务总结】

本任务完成了一个制冷机房机电深化模型及机房深化图。首先需对 BIM 模型进行细节处理,检查模型拆分是否合理,检查 BIM 模型的完整性、合理性;其次对制冷机房构件信息梳理,保证信息完整性;最后利用 Revit 导出制冷机房深化图纸。

【课后任务】

1.结合本任务中的案例,概述在机房管线深化前,BIM 机电工程师需梳理哪些内容?

2.请根据本任务中的知识点及案例项目模型进行机房管线深化,并总结管线深化需要注意的事项。

任务 3 **预留预埋深化**

【任务信息】

本任务为某医院地下车库项目，总建筑面积 11.08 万 m^2，包括车库、设备机房、医疗用房、污水站等功能。

本任务为：医院地下车库项目的预留预埋深化设计。

【任务分析】

本任务中存在各类管道、风道、电气配管等交叉部位多，尤其是各设备机房和竖向管井内最为繁杂。为保证工程预留预埋工作的准确性，本项目在管线综合深化结束后进一步对结构留洞、套管预埋进行深化设计，确定深化后的管线预埋套管和留洞位置，并复核原设计套管的做法是否满足规范要求。特别是穿外墙、穿人防区域等部分的防水套管预埋必须重点复核，避免在施工过程中的二次开洞，保证施工质量。深化完成后，出具准确的预留预埋尺寸和定位标注图纸。

【任务实施】

在机电深化完成后主体施工前，将综合优化调整后的机电模型链接到土建模型中，对机电管线路由、标高与建筑、结构碰撞的节点进行孔洞、预埋件进行预留预埋处理。

1) 明确预留预埋的分类及选型

在模型中进行预留预埋处理时需注意管线穿越位置和预埋件类型选择，确保预埋件、预埋套管和预留洞的位置、数量的准确以及尺寸大小符合规范要求，保证后期施工质量。具体内容详见表 9-3-1。

表 9-3-1 预留预埋分类

分类	分项	说明
预埋套管	防水套管	穿越地下室外墙（或防水要求高的内部墙体，如泳池、水箱等）的各类管线而设置的防水型套管，根据结构形式的不同可分为刚性和柔性两种
	普通套管	水平穿越建筑内部结构、砌筑墙体的管线而设置的套管
	楼板、屋面套管	穿越楼板、屋面的各类管线而设置的普通、防水套管
	人防密闭套管	穿越人防密闭隔墙的各类管线而设置的具备防爆、密闭功能的套管

续表

分类	分项	说明
预埋管线	电气管线	①敷设于结构、砌筑墙体、楼板内的电气管线; ②地下采用焊接或镀锌等厚壁钢管形式; ③地上采用中型以上 PVC 管或其他金属管
	给排水管线	暗敷设于结构底板或垫层内的给水、排水等各类管线,如镀锌钢管、铸铁管、U-PVC 等塑料管材类型
预留孔洞	公共区域孔洞	①暗敷于结构、砌筑墙体的各类箱体而设置的预留洞; ②穿越墙体、楼板处的大型管线(如桥架、风管)或密集管线区域而设置的预留洞
	户内孔洞	①给排水、暖通、燃气等竖向管线穿越楼板处设置的预留洞; ②户内配电箱预留孔洞、空调排水孔、卫生间排气孔
其他	专项预留预埋	防雷接地、基础预埋(预埋件)、电梯预留预埋等

2)确定预留预埋洞口及套管位置标高、尺寸大小

根据深化的管线确定套管的定位尺寸,根据管道大小确定套管大小,不需保温的管道,对于 DN≤100 的管道,套管尺寸应大于管道尺寸 2 号,对于 DN≥100 的管道,套管尺寸应大于管道尺寸 1 号,需要保温的管道,需加上保温层厚度再确定预留套管大小。具体管径大小可参照表 9-3-2。

表 9-3-2　套管尺寸

管道管径/mm	套管管径
15 ~ 20	比套管管径大 3 号
30 ~ 125	比套管管径大 2 号
≥150	比套管管径大 1 号

注:有保温要求的管道应加上相应的保温层厚度。

风管洞口预留应根据风管尺寸确定,不需保温的风管,洞口尺寸应大于风管尺寸 50 mm,需保温的风管,需加上保温层厚度再确定预留洞口大小。

对桥架洞口预留应根据桥架尺寸确定,洞口尺寸应大于桥架尺寸 50 mm。

3)机电专业预留预埋深化原则

(1)立管穿板预留预埋

一次设计施工图中往往未表达管道穿楼板处套管,在预留洞口时会经常出现上下层洞口不对应的情况,在深化过程中需根据机电模型精确表达管道穿楼板时的位置,以给排水专业为例,本项目中重点复核了上下楼层的穿板位置,如图 9-3-1 所示。

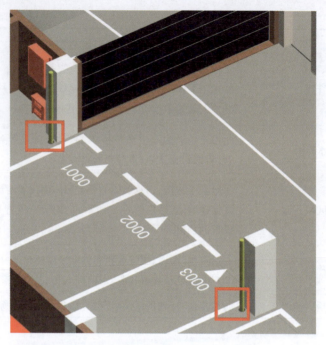

图 9-3-1　给排水专业结构板预埋套管

（2）排水管道预埋套管

重力排水管道的套管要严格控制标高,套管应内高外低,避免安装后出现倒坡现象,如图 9-3-2 所示。

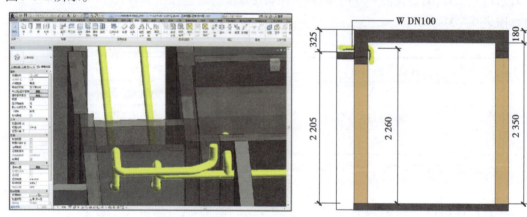

图 9-3-2　重力污水穿结构梁

（3）成排管线穿结构墙预留预埋

成排管线穿剪力墙需留在墙的中心位置,不要靠近墙边或拐角处,避免碰到暗柱。穿管形式可以为可预埋套管,也可预留洞口,预留洞口的尺寸较大,需做特殊处理和加固处理,难度较高,需精准定位一次成型,如图 9-3-3 所示。

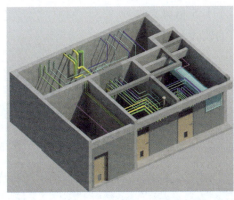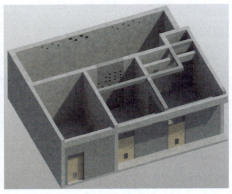

图 9-3-3　成排管线结构预埋

（4）管线穿梁预留预埋

设备管线穿梁时,需注意刚性套管预埋位置的合理性,如图 9-3-4 所示。

图 9-3-4　结构梁内预埋套管

（5）设置预埋位置

当预埋位置设置在梁跨中 $L/3$ 范围内时,要求:

①洞口大小必须小于或等于 0.4 倍的梁高。

②洞口上边缘距梁上边必须大于或等于 0.3 倍的梁高。

③洞口下边缘距梁下边必须大于或等于 150 mm。

④相邻两个洞口的中心间距应不小于 2 倍的较大洞口直径。

当预埋位置设置在梁端 $L/3$ 范围内时,要求:

①洞口大小必须小于或等于 0.3 倍的梁高。

②洞口上边缘距梁上边必须大于或等于 0.35 倍的梁高。

③洞口下边缘距梁下边必须大于或等于 150 mm。

④洞边到梁边或柱边的距离必须大于或等于 1.5 倍梁高。

⑤相邻两个洞口的中心间距应不小于 3 倍的较大洞口直径。

（6）桥架穿人防墙体的预留预埋

桥架穿越人防墙时需预留单根电缆的套管，不能合用，如图 9-3-5 所示。

图 9-3-5 桥架穿人防墙体预留预埋套管

（7）预留预埋点位复核

对于设计图中已表达的预留预埋点位，需在深化时复核原始预留预埋洞口与模型开洞标高是否一致，若不一致需进行正确性判断及修改，如图 9-3-6 所示。

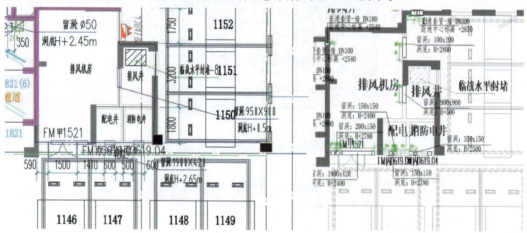

图 9-3-6 设计图纸与预留预埋深化图

【任务总结】

通过以上原则，对本任务中的机电管线预留预埋进行深化，准确确定预留孔洞尺寸及位置，避免现场二次开洞，同时形成预留预埋深化模型，以及带有洞口尺寸和定位标注的平面图，复杂节点剖面图的二维图纸，用于指导现场施工，如图 9-3-7 所示。

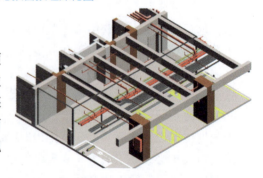

图 9-3-7 地下车库局部预留预埋轴测图

【课后任务】

1. 结合本任务中的案例,总结预留预埋深化设计的实施步骤。
2. 根据本任务中的知识点及案例项目模型进行管线预留深化及布置。

任务 4　支吊架深化

【任务信息】

某医院地下车库项目,总建筑面积 11.08 万 m^2,包括车库、设备机房、医疗用房、污水站等功能,本任务部分空间布局复杂,专业管线多,机电安装工程量大,为了保证施工质量及美观,在管线综合深化的同时考虑支吊架的布置要求,并生成支吊架深化图纸指导现场施工。

本任务为医院地下车库项目支吊架深化,主要包含以下内容:

①在机电安装进场前确定支吊架布置方案,根据管综优化后模型进行支吊架(综合支吊架)布置,确定支吊架的种类和数量。

②通过 BIM Space-机电深化对预先布置的支吊架进行受力分析,并且确定支吊架的类型,为技术人员支吊架计算与选型节约一定的时间。

③利用 Fuzor 软件进行三维模拟及漫游,核查支吊架布置的准确性,为后期提高施工质量,减少材料浪费。

④在满足管线布置的前提下使用综合支吊架进行合理排布,使机电的安装效果美观、有效控制整体占用空间,增加走廊、公共区域净空间。

本任务支吊架安装现场图与 BIM 模型对比,如图 9-4-1 所示。

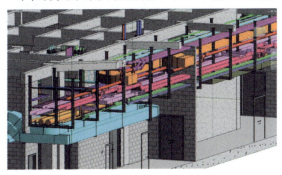

图 9-4-1　支吊架安装对比图

【任务分析】

根据项目实际情况,首先需要确定合适的管线间距,为支吊架预留出合理的安装空间,同时在设计支架和吊架时还需考虑抗震吊架的斜撑形式和支架设计后的存放空间。水管与桥架的空间位置还应考虑平行净距和交叉净距。对支吊架周围的建筑结构,因其作为支吊架的生根点,直接决定支吊架是否牢靠,必须有清晰的了解,对不同的板厚需要选用不同的锚固方式与锚栓。

【任务实施】

1)确定支吊架深化流程

①复核预留管线间距是否满足支吊架安装空间,各系统预留管线支架间距详见《通风与空调工程施工质量验收规范》(GB 50243—2016)、《建筑排水金属管道工程技术规程》(CJJ 127—2009)、《建筑电气工程施工质量验收规范》(GB 50303—2015)、《消防给水及消火栓系统技术规范》(GB 50974—2014)等。

②根据管线布置初步确定各类吊架位置和排布间距,使支吊架横竖成排成线,美观整齐。

③利用支吊架设计软件计算吊架内的管道数量,吊架荷载计算复核,测算出吊架的横截面和埋件大小。

④在一次机电深化模型的基础上进行支吊架布置。其设计流程如图9-4-2所示。

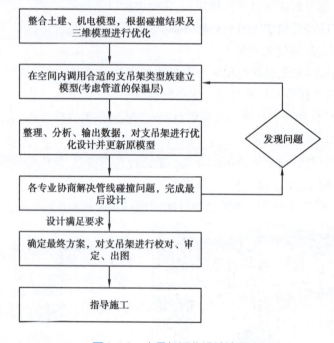

图 9-4-2　支吊架深化设计流程

2)确定支吊架深化原则

①支吊架设计必须遵循最大间距排布要求。

②支吊架平面布置时应错开管道连接点及分支点。

③对墙上设有阀类设备如泄压阀等应考虑支吊架的布置是否影响阀的开启空间。

④大管道(≥DN300 mm)水平管道转到竖向管道处增加立杆支撑;支架吊的立杆距墙间距需至少保证100 mm。

⑤提前考虑管道在支吊架上的固定方式,如管卡、保温管卡、管束等。

⑥直径在 300 mm 以上的大型管道支吊架,在出机房、横穿车道、管线转弯等处,必须优先采用落地支架;当不具备设置落地支架时,必须在梁两侧同时设置支吊架或在柱间增设钢托梁,如图 9-4-3 所示。

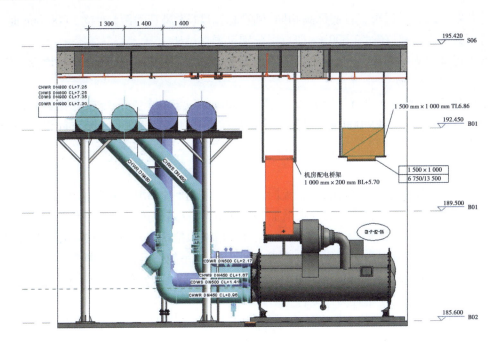

图 9-4-3　机房大管道支架

在支吊架布置时,原则上水、暖、电各专业间不共用支吊架,但特殊情况下可考虑设置综合支吊架,减少支吊架的数量,节约成本,最大限度地节省空间,如图 9-4-4 所示。在以下情况可考虑设置综合支吊架:

①单根水管距风管或桥架距离少于 300 mm,且底标高相同。

②水管与风管或桥架处于上下层布置时,且风管和桥架未与其他管线共用支吊架。

③风管与桥架仅考虑上下层共用,且管线之间的垂直距离应满足规范要求。

④水管成排布置应尽量采用综合支吊架。

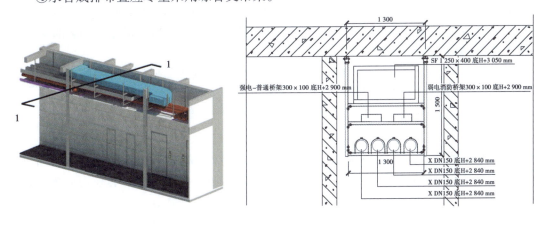

图 9-4-4　综合支吊架

考虑到各专业综合支吊架布置原则不同,梳理了本项目中水暖电各专业在综合支吊架布置时的设计方案。

(1)暖通专业

①若两根风管平行布置且底标高相同,风管总宽度(含风管间距)不超 2 000 mm 时,两根风管可共用支吊架,超过 2 000 mm 时,则分别设置支吊架。

②为保证送排风效果,应避免风管上下层布置,在管线交叉口处,翻弯风管增设一个支吊架。

③风管按 1 500 mm 进行管道分段,每隔 3 000 mm 设置一个支吊架,支吊架设置位置靠近风管法兰连接处,每隔 9 000 mm 设置一个横向抗震支吊架,每隔 18 000 mm 设置一个纵向抗震支吊架。

(2)给排水专业

①综合支架上的水管根数在 2~3 根时,综合支吊架除按单根水管的标准,在每段管道两端设置外,还需在两端支吊架的中点增加一个支吊架,支吊架选型按中型考虑。

②综合支架上的水管大于等于 4 根时,综合支吊架除按单根水管的标准,在每段管道两端设置外,还需在两端支吊架间均匀布置两个支吊架,支吊架选型按重型考虑。

③平行排布的水管之间的距离(净距)大于 700 mm,且两根水管又分别与其他管道形成了共用支吊架,此处水管布置两处综合支吊架。

④成排管线不同管径的水管做综合支吊架时,应保证保温后且加上木托后的底标高齐平,而非各水管中心齐平。

(3)电气专业

①电气专业宜按照强弱电桥架分开设置中和支吊架,特殊情况需共用时,应满足强弱电桥架间距要求。

②电缆共用上下层支吊架时,其支架间的最小距离应符合规范要求。

③电缆梯架、托盘和槽盒宜敷设在易燃易爆气体管道和热力管道的下方,配线槽盒与水管同侧上下敷设时,宜安装在水管的上方;与热水管、蒸气管平行上下敷设时,应敷设在热水管、蒸气管的下方,当有困难时,可敷设在热水管、蒸气管的上方;相互间的最小距离符合电气规范要求,具体间距要求参照《消防给水及消火栓系统技术规范》(GB 50974—2014)。

④电缆梯架、托盘、槽盒水平安装的支吊架间距为 1 500~3 000 mm,垂直安装的支架间距不大于 2 000 mm。

⑤共用支吊架的桥架总宽超过 1 000 mm 时,应适当缩短支吊架的布置距离,取 1 500~2 000 mm,并合理选择相应型号的桥架及预埋槽。

【任务总结】

本任务依据以上原则,利用插件对管线综合深化设计完成的管线进行三维支吊架布置,部分支吊架受管线影响不易布置时,需对其进行微调,完成后的支吊架深化模型如图 9-4-5、图 9-4-6 所示。

图 9-4-5　局部复杂节点一

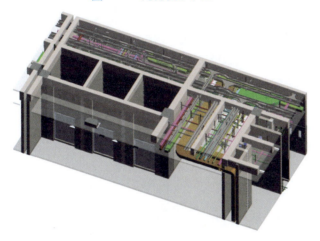

图 9-4-6　局部复杂节点二

【课后任务】

1. 结合本任务中的案例,总结支吊架深化设计的影响因素。
2. 根据本任务中的知识点及案例项目模型进行管线支吊架的综合布置。

任务 5　深化出图

【任务信息】

　　某地下车库项目机电模型在完成施工深化设计后,经审查已达到施工安装的要求,可基于 BIM 模型开始制作深化设计图纸,在图纸中表达管线定位、尺寸等信息,以指导施工安装。

【任务分析】

本项目机电深化设计出图内容及图面表达要求,见表9-5-1。根据出图内容及图面表达要求,BIM 机电工程师在基于 BIM 深化设计模型导出图纸前,需对各层深化出图平面进行管线信息标记、内容说明及图框添加等工作,保障深化设计图纸图面信息完善、内容清晰,且具有指导施工作用。

表9-5-1 某地下车库项目出图内容及要求

图纸类型		图面信息
管线综合平面图		建筑结构底图、图纸说明,图例、机电管线平面及标注,关键设备及设备型号规格、主要工作参数、外形尺寸、平面立面定位等信息
专业深化平面图	给排水平面图	建筑结构底图、图纸说明,图例、机电管线平面及标注,关键设备及设备型号规格、主要工作参数、外形尺寸、平面立面定位等信息
	喷淋平面图	
	暖通平面图	
	动力平面图	
	弱电平面图	
	照明平面图	
支吊架大样图		图纸说明、图例、机电管线剖面及标注、各编号支架剖面及标注、支架规格及安装方式
预留预埋图		建筑结构底图、图纸说明,预留预埋洞口尺寸、定位、标注等信息
净高分析图		建筑结构底图、图例,各区域净高等信息

【任务实施】

1)模型视图制作

本项目根据表9-5-1机电深化设计出图内容,基于拆分、整合后的模型,对各楼层制作各专业的平面、剖面、三维轴测图,本项目模型视图,如图9-5-1所示。其中各专业模型视图表达的内容需要与施工图一致,若模型视图与二维视图对比存在遗漏、多余构件时,注意核查模型类别、过滤器、视图范围是否正确。

2)图纸制作

(1)图纸标注

①管线综合平面图。

②管线综合平面图中机电管线较多,在图中主要表示管线系统、尺寸等内容,如图9-5-2所示。

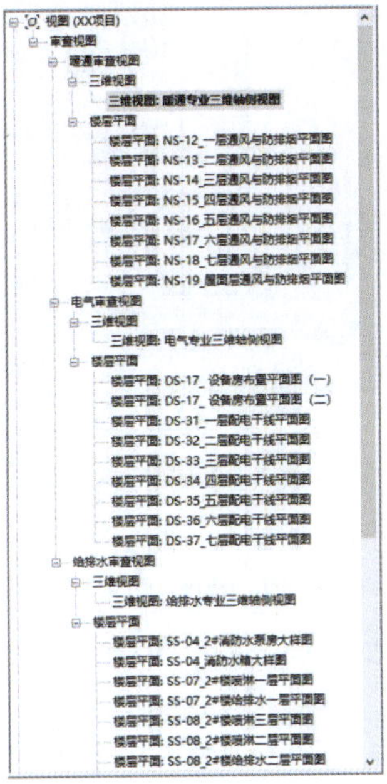

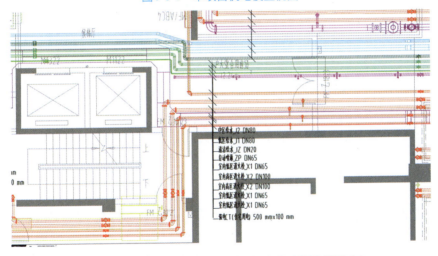

图 9-5-1   本项目机电模型视图

图 9-5-2   局部管线综合平面图标注（入户大堂合用前室）

（2）各专业平面图

①给排水平面图。给排水平面图中管线需标注系统、尺寸、中心标高、翻弯处标高、管线及设备定位、翻弯节点定位等信息，其中，管线、设备及翻弯节点定位是以墙、柱等构件进行定位的，如图 9-5-3 所示。另外，针对重力排水系统除上述标注信息外还需标注管线坡度及坡向。

②喷淋平面图。喷淋平面图中管线标注内容、定位要求与给排水平面一致，如图 9-5-4 所示。为了提高出图效率，本项目对 DN65 以下喷淋支管进行了过滤处理，未在图面中表达，其中 DN65 以下喷淋支管标高信息与临近管线相同，且由于 DN65 以下喷淋支管直径较小，在施工安装过程中可根据现场安装情况对 DN65 以下喷淋支管进行灵活处理。

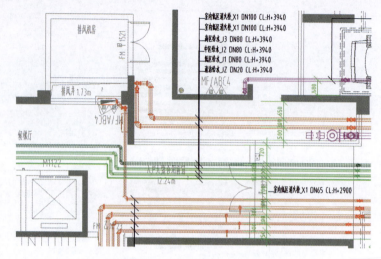

图 9-5-3　局部给排水平面图标注（入户大堂合用前室）

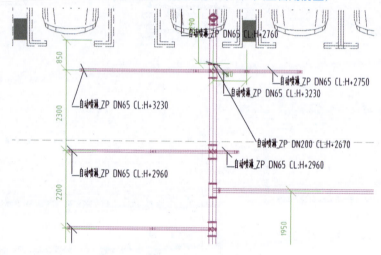

图 9-5-4　局部喷淋平面图标注（车道）

③暖通平面图。暖通平面图中风管需标注系统、尺寸、底部标高、翻弯处底部标高、风管翻弯节点定位以及风阀、风口及设备类型、尺寸、定位等信息，其中，风管、风阀、风口及设备的翻弯节点定位是以墙、柱等构件进行定位的，如图 9-5-5 所示。

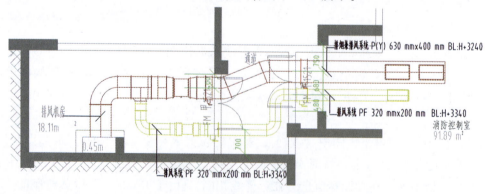

图 9-5-5　局部暖通平面图标注

④电气平面图。电气平面图中桥架需标注系统、尺寸、底部标高、翻弯处底部标高、桥架翻弯节点定位以及设备类型、尺寸、定位等信息,其中,桥架及设备的翻弯节点定位是以墙、柱等构件进行定位的,如图 9-5-6 所示。

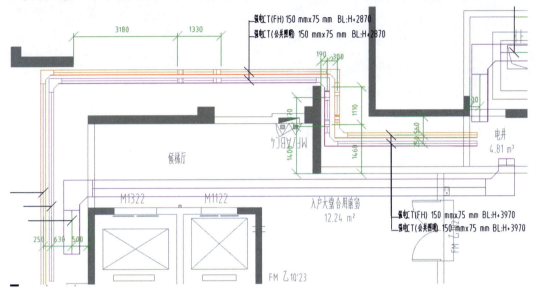

图 9-5-6 局部动力桥架平面图标注

⑤剖面图。剖面图中需标注管线系统、尺寸、标高以及层高、梁高、梁下净高、管线之间的间距等信息,如图 9-5-7 所示。

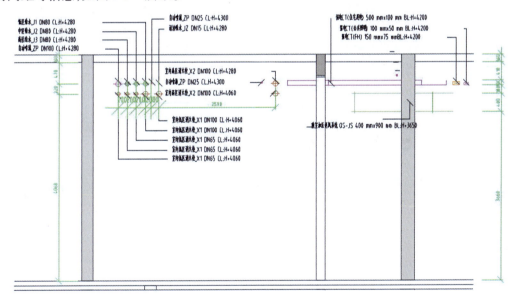

图 9-5-7 某复杂节点剖面图标注

⑥预留预埋图。预留预埋图中需标注洞口和套管尺寸、标高、定位等信息,其中,洞口标高以底部标高作为参照,套管标高以套管中心标高作为参照,如图 9-5-8 所示。

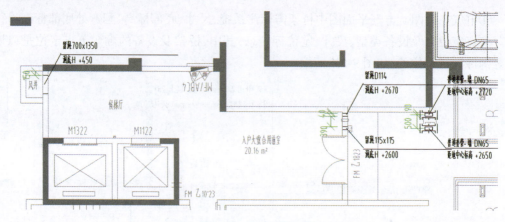

图 9-5-8　局部预留预埋图标注

3）图纸信息完善

根据图纸信息表达要求，制作各专业图纸设计说明、设备材料表、图例、图框等内容，这些内容可根据实际情况在 Revit 模型中处理，或导出图纸后在 CAD 中进行处理，如图 9-5-9 所示。

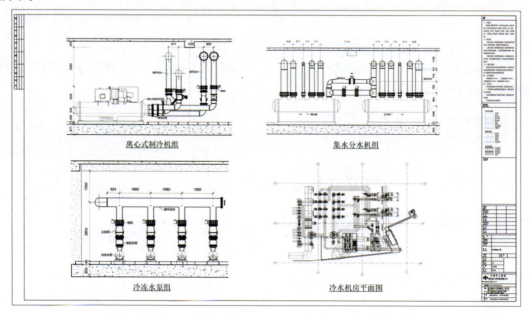

图 9-5-9　冷水机房图

【任务总结】

本任务完成了一个地下车库模型的深化设计出图，如图 9-5-10 和图 9-5-11 所示。首先需要明确出图内容及各类图纸的图面表达要求，并根据这些要求进行模型视图的制作，确定模型视图中的构件完整与正确，其次是对图纸进行管线信息标注及图纸信息完善。在图纸管线标注时，需要根据各类图纸特点及专业特点进行构件标注，准确表达管线系统、尺寸、标高、定位等信息，确保图纸能够指导现场施工安装。

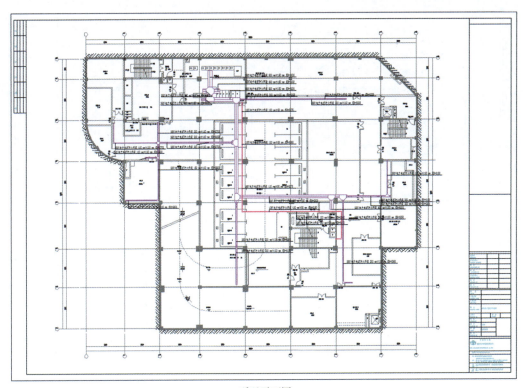

（a）暖通平面图

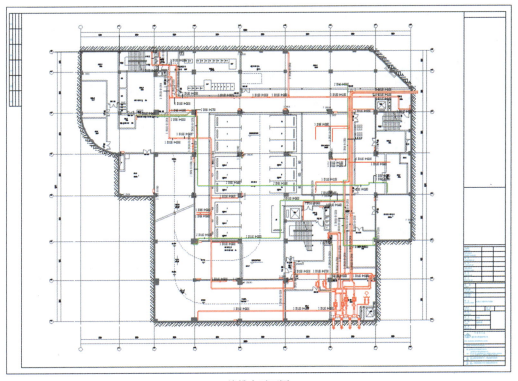

（b）给排水平面图

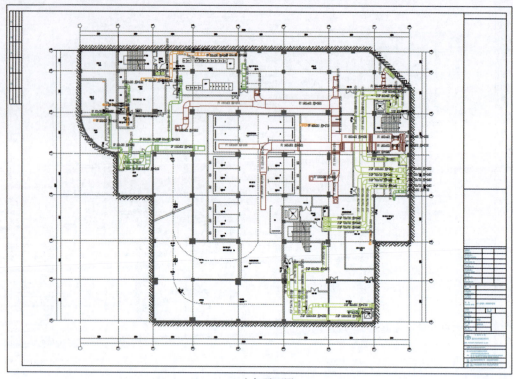

(c)电气平面图

图 9-5-10　暖通、给排水、电气平面图

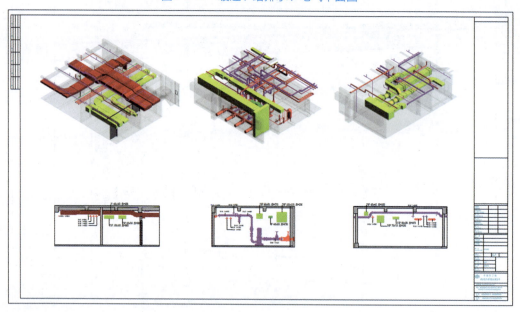

图 9-5-11　复杂节点图

【课后任务】

阐述深化出图与设计出图的区别。

任务6　施工工程量统计

【任务信息】

运用 BIM 模型,对工程施工中的工程量进行统计,在模型的不同阶段都可以获取针对性很强的工程量统计表。本任务以设计工程量统计的项目案例为例,进一步对施工阶段工程量统计进行讲解。本任务施工阶段工程量统计与设计阶段工程量统计的区别在于,设计阶段一般用于成本估算、招投标等目的,会采用清单及定额规则等统计总体工程量。而施工阶段工程量则侧重于统计每个实际安装构件,可能用于计算材料加工方案、备料、领料等,会根据实际材料定尺尺寸进行拆分。在项目实施中,应根据实际情况灵活选用。例如,有较高精细化管理要求的项目可采用本任务所表述的工程量。

【任务分析】

机电工程施工阶段工程量统计主要是对管道工程量、管道刷油工程量、管道绝热工程量、套管工程量、风管工程量、阀门工程量、桥架工程量、支吊架工程量、末端工程量、设备设施工程量等实际安装要求,对其进行拆分统计,此过程可借助 Danymo 等插件快速完成。

【任务实施】

在 Revit 软件中直接导出的工程量通常与工程实际的工程量不符,这主要是国内工程量与 Revit 自带的不相符。例如,管道长度,Revit 直接提取得到的是净长度,而算量规则中要求的管道长度工程量应包含管件、阀门的长度。因此,基于 Revit 软件在进行施工工程量统计时,需要根据算量规则对 BIM 模型进行处理,以便得到的工程更加准确。

1)模型细节处理

本项目在开展施工工程量统计时,需判断深化设计模型材料拆分是否合理,例如,过度追求优化材料加工损耗而拆分过细导致连接增加从而增加施工时间或接头成本。以本项目的风管管段拆分为例,在深化设计模型的基础上,首先需检查风管管段拆分长度是否满足《全国统一安装工程预算定额》要求,某项目风管管段拆分,如图 9-6-1 所示。其次检查模型中管段拆分节点处,末端点位与风管拆分节点处碰撞,如图 9-6-2 所示。

此外,检查 BIM 模型的构件命名、类型、系统编号等是否相同,若这 3 个条件均相同则考虑连续计算工程量,若不相同则应分别计算。以通风空调末端为例,在未处理前风道末端仅为尺寸,无法对同类风道末端进行统一,此时需对风道末端的类型加以分类区别,如图 9-6-3 所示。

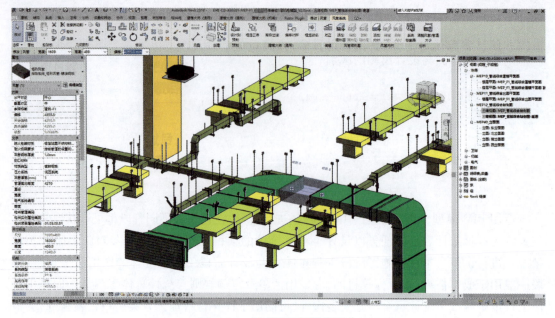

图 9-6-1　某项目风管管段拆分

图 9-6-2　某项目风管法兰与封口碰撞

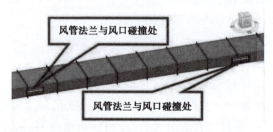

图 9-6-3　某项目风道末端细节处理前后对比

2）工程量相关属性参数补充

（1）清单代码参数

根据国家（或地方）清单计价规范，可在 Revit 明细表内制订清单代码挂接规则。按照族名称（或类型名称），将本项目编码、项目名称、项目内容、项目特征等参数信息，批量赋予模型构件。相对于纯数字编码，采用构件名称更加简单易懂。

（2）范围划分参数

本项目中需要的统计类别有多种类型，如按采购、现场加工、领料、施工计划等要求按区域、部位统计工程量。为了适应这些不同的要求，就需要给 BIM 模型构件定义并输入不同的划分参数。而项目中往往都包含着庞大、复杂的信息，因此，需要按照建模规范严谨进行参数划分，以便于模型筛选，同时可借助 Dynamo 等批处理的插件。

3）工程量清单输出

（1）调用风管明细表

Revit 选项卡中有两种调用"明细表"功能的方式：第一种是单击功能区"分析"选项卡→"报告和明细表"面板→"明细表/数量"，弹出"新建明细表"对话框；第二种是单击功能区"视图"选项卡→"创建"面板→"明细表"下拉菜单，选择"明细表/数量"，弹出"新建明细表"对话框。

选择要统计的构件类别——风管，自动生成明细表名称"风管明细表"。选择应用阶段"新构造"，单击"确定"按钮，弹出"明细表属性"对话框，如图 9-6-4 所示。

图 9-6-4　明细表属性字段设置

（2）设置"字段"选项卡

在"字段"选项卡中，从"可用的字段"列表框中选择需要统计的字段，如"族与类型""系统类型""系统名称""长度""宽度""高度""合计"等。本项目统计风管的施工工程量，因此选取的字段包括"族与类型""系统类型""长度""宽度""高度""合计"，分别单击"添加"，所选字段会移至"明细表字段"列表框中。"上移"与"下移"可用于调整"明细表字段"中各个字段的顺序。

我们需要一个字段"周长"来统计风管的周长,但是在"字段"中,找不到风管的周长字段,因此需要创建字段。单击"计算值",设置字段名称为"周长",设置规程类型为"长度",设置公式"(高度 + 高度)×2"。

(3)设置"过滤器"选项卡

设置过滤器可以统计选定类别(风管)中的部分构件,不设置过滤器则统计选定类别的全部构件。由于任务中要统计排烟系统风管,因此,在过滤器中选择过滤条件为"系统名称""包含""PY",如图 9-6-5 所示。

图 9-6-5　明细表属性过滤器设置

注意:在"明细表属性"对话框的"过滤器"选项卡上,最多可以创建 4 个限制明细表中数据现实的过滤器,且所有过滤器都必须满足数据现实的条件。可以使用明细表字段的许多类型创建过滤器,这些类型包括文字、编号、长度、面积、体积、是/否、楼层和各物理量参数。

(4)设置"排序/成组"选项卡

可以用于设置明细表中构件按行排列的排序方式,还可以将页眉、页脚以及空行排序,如图 9-6-6 所示,选择降序排列,先按长度从长倒短,再按宽度从宽到窄,最后按高度(厚度)从高(厚)到低(薄)排列构件顺序。

可供选择的复选框有"总计""逐项列举每个实力"。勾选"总计"复选框,可统计列表中所有构件的总数,一般勾选后会添加到列表最底部。"总计"下拉列表中提供了 4 种总计方式。

图 9-6-6　明细表属性"排序/成组"设置 1

勾选"逐项列举每个实例"复选框,则明细表中逐项列举每个构件实例;若不勾选,则会显示相同项和总个数,其他每项参数若相同,则显示,若不同,则会呈现空白格子。明细表一开始创建时,默认勾选"逐项列举每个实例",这里只需统计不同种类的合计,不需列出每项明细,因此,不勾选"逐项列举每个实例",如图 9-6-7 所示。

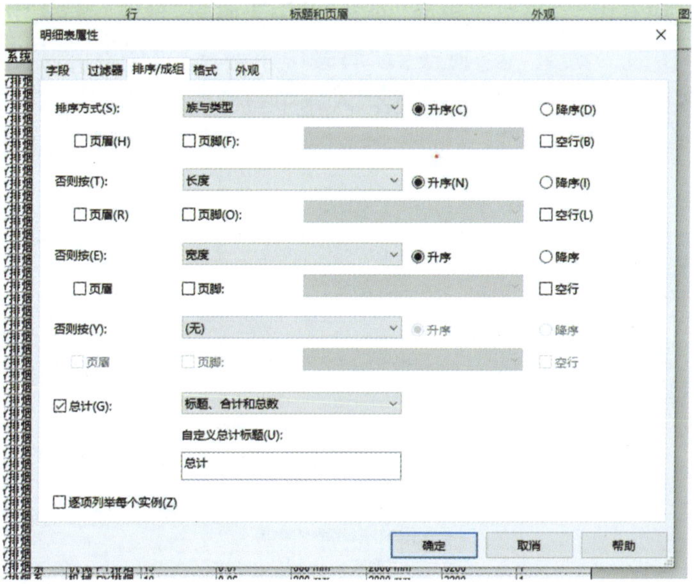

图 9-6-7　明细表属性"排序/成组"设置 2

(5)设置"格式"选项卡

可以设置字段在表格中的标题名称(字段和标题名称可以不同,我们将"高度"字段的标题名称设置为"风管高度")、标题方向设置为"水平",对齐方式设置为"左对齐"。由于在风管下料中需要风管面积的数量,因此,需要将"面积"字段的标题设置为"风管面积"、标题方向设置为"水平",对齐方式设置为"左对齐",同时勾选"计算总数",如图 9-6-8 和图 9-6-9所示。

(6)设置"外观"选项卡

"外观"选项卡用于设置明细表表格的线宽、标题和正文,以及标题文本的字体与字号大小,如图 9-6-10 所示。

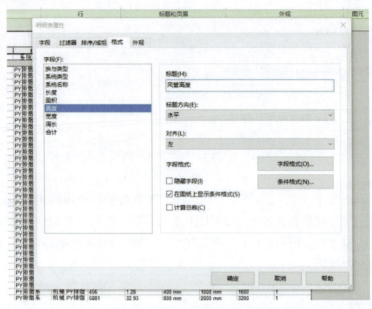

图 9-6-8　明细表属性"格式"设置 1

图 9-6-9　明细表属性"格式"设置 2

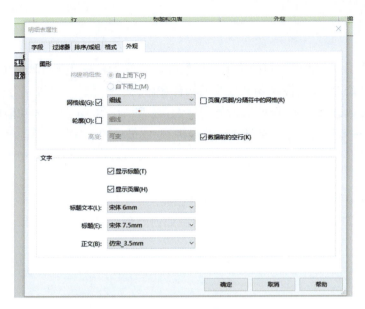

图 9-6-10　明细表属性"外观"设置

使用上述类似方法创建排烟风管实例明细表,如图 9-6-11 所示。

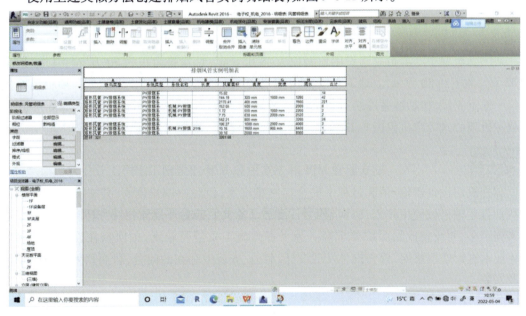

图 9-6-11　排烟风管实例明细表

Revit 明细表的功能可以很方便地统计相关数据,但离规范要求的清单明细还有一定距离,例如,同一代码的构件可能分属于不同构件类别、按范围(标段、日期等)输出明细还不是很方便、表头过于简单等。针对剩下的部分,可以采用 Excel 读取 Revit 输出的明细表,对数据进行分类、传递、叠加等,最终生成完全符合清单规范要求的工程量明细表。如果采用VBA 编程配合 Excel,还可以批量进行这个过程,提高工作效率。采用这种方式,无论多么复杂的项目,都可以在极短的时间内,快速完成符合规范要求的数据清单。

【任务总结】

本任务完成了一个机电工程的施工工程量统计。首先需对 BIM 模型进行细节处理,检查模型材料拆分是否合理,检查 BIM 模型的构件命名、类型、系统编号等是否正确;其次对工程量相关属性参数进行补充,保证信息的完整性;最后利用 Revit 明细表功能输出工程量清单,并根据需要对工程量清单表格做进一步处理,形成最后的工程量清单。

【课后任务】

1. 施工工程量统计与设计工程量统计的区别。
2. 阐述施工工程量统计前需对 BIM 模型做如何处理,以保证输出的工程量清单满足国内定额要求。

任务 7　大型设备安装模拟

【任务信息】

某国际金融中心项目总建设用地面积为 48 851 m²,总建筑面积约 50 万 m²,其中,地上约 33 m²,地下约 50 万 m²。地下 4 层,地上 3 座塔楼,最高建筑高度为 189 m。项目制冷机房位于地下 4 层,包括冰蓄冷装置、3 台乙二醇离心式双工况制冷/制冰机组(28.556 t)、3 台基载主机离心式冷水机组(11.218 t)、一级、二级冷水泵、冷却水泵、热交换器等设备。

【任务分析】

制冷机房设备运输、吊装过程中安全措施难度大,组织协调难度大,要求高。地上部分材料垂直运输机械使用频繁,协调难度大;楼层设备水平运输时,楼面保护措施要求高;专业交叉施工多,对设备成品保护要求高。为了提高施工质量及效率,本项目在设计阶段使用 BIM 技术进行虚拟装配,旨在提早发现设计、制造、安装中存在的问题,从而高效完成设备生产及安装。

【任务实施】

1) 搭建机房模型

根据施工图图纸建立 BIM 制冷机房模型,包括结构、二次结构、机电各专业管线及部分精装修模型,1∶1 还原实际制冷机房管线排布及空间布局,如图 9-7-1 和图 9-7-2 所示。

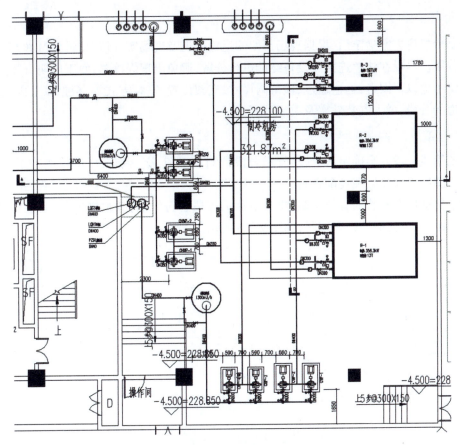

图 9-7-1 制冷机房

图 9-7-2 制冷机房渲染图

2）优化机房模型

模型搭建完成后,基于 BIM 技术,进行管线优化、碰撞检测、漫游工序等应用,提前解决管道碰撞问题,最终确定机电各专业 BIM 模型尺寸、位置和标高。

3）工序模拟

为了保证安装过程有序开展,利用 BIM 模型,将各个专业设备、管线安装顺序等进行动画模拟,可以在施工前通过工序模拟发现问题并提前解决,直观地进行可视化交底,避免因工序错误导致拆改、返工。

4）利用 BIM 模型分解管线

当制冷机房方案确定后，根据现场预留的运输通道及现场实际情况，将 BIM 模型中的管线合理分段。尽量在法兰连接或设备终端进行分解，避免出现焊接缝，便于后期组装。

主要考虑以下因素：运输通道、预留洞尺寸、支架位置、安装方式等，根据以上因素，尽量减少管道的分段，增大安装效率及质量。

5）出预制加工图及管线编码

系统管线分段方案确定后，导出管道分段预制加工图，交由加工厂进行加工制作，将所有施工详图导出并交底现场配合施工。

为了保证后期安装的有效组织，将分解后的管段进行编码，并根据编码、安装位置等信息制作二维码，方便后期跟踪安装，如图 9-7-3 所示。

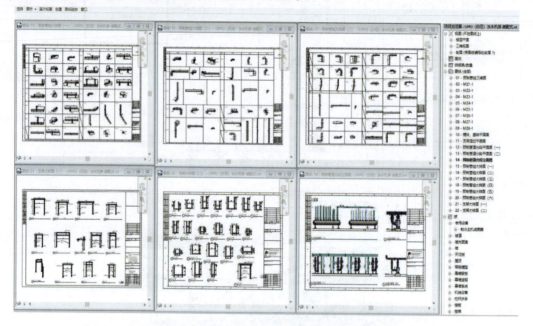

图 9-7-3 预制加工图

6）场外进行集中化加工

考虑到场外加工环境比施工环境好且批量加工效率高，又能够更好地提高焊接质量，因此，本项目选择在场外加工。根据 BIM 模型分解所导出的图纸，在场外集中加工，为保证构件的生产质量，本项目采用自动焊接技术。

7）设备房组装

场外加工完成后，在现场制冷机房具备施工条件的情况下，将大批量的各种管段运输至现场，根据工序模拟情况进行组装，现场只需根据管段编号和二维码识别其位置，然后根据图纸实施机械化组装。

【任务总结】

本任务通过制冷机房完成了大型设备安装工序模拟。在工序模拟前期需提前考虑设备房特有的功能性、设备运输、吊装空间,以及后期检修空间等因素,做好充足的前期准备,然后再制订施工工序,最后通过虚拟建造及演示,指导精细化施工。

【课后任务】

简述装配式机房基于 BIM 的安装模拟流程。

任务 8　复杂节点工序模拟

【任务信息】

某医院项目位于市中心文物保护区,因为设计时对层数和总高度进行了限制,所以造成走廊宽度和楼层高度较小。结合项目机电管线分布情况,在住院楼 1F 走道处管线尤为密集、复杂,1F 层高为 5.9 m,主梁高 900 mm,而医院建筑对该公共走道的净高要求不低于 3.0 m(精装吊顶完成后)。由于机电设备和主干管道大都集中在走廊上,主要有排风管、排烟管、冷冻供回水、消防水和若干电缆桥架,机电管线种类繁多、走道空间狭小,导致现场机电布置难度大且很难满足设计甲方明确的净空高度。

【任务分析】

在该项目管线安装施工前,应用 BIM 技术,建立管线综合三维模型以及工程相应土建信息模型。综合考虑多方因素后,确定管线排布方案。基于排布方案的原则进行管线位置、标高确定后,再进行碰撞检测。根据碰撞检测报告,解决隐蔽性角落的碰撞问题,最终实现零碰撞优化精度。优化完成后需进行支吊架搭设,提前解决支吊架搭设形式以及布置点位问题。并结合现场施工实际情况,按照管线综合优化方案初步拟订管线安装施工方案,应用 BIM 技术进行机电安装施工模拟。同时,对管线排布较复杂的节点进行安装模拟动画展示,使现场技术人员更加直观清晰地了解管线安装过程,对项目机电安装过程中存在的问题难点进行预案处理,并采取有效措施。

【任务实施】

1)模型搭建

根据设计施工图纸分别对各专业的模型进行精细化创建,包括建筑、结构、给排水、暖通、电气、精装等专业 BIM 模型。

2)制订复杂节点排布方案

针对走廊复杂区域,结合管线原设计意图,各专业的设计规范、施工规范,再结合施工过程中的一些基本原则以及拟定的净高要求制订统一的深化方案。

本项目水平空间极其有限,故尽量压缩管线间的间距,管线按走廊两侧排布,尽可能预留中间空间,以便后期检修,以此确定基本排布方案。由于涉及专业较多,最终组织施工方、甲方、设计人员从节省工期、降低造价、操作方便、易于检修等方面综合考虑进行讨论并最终确定管线综合排布方案,如图9-8-1 所示。

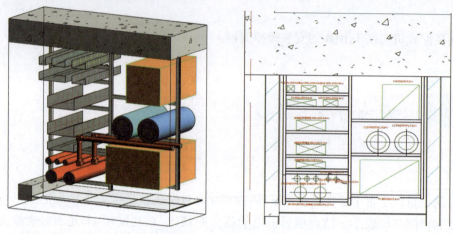

图 9-8-1　管线综合排布方案

3)碰撞检测

基于现有排布方案进行管线标高、走向的确定后,利用 BIM 三维可视化的优势,发现各专业之间管线、设备的碰撞以及机电管线与主体结构的碰撞。本项目采用 Naviswork 软件进行碰撞检测,根据输出的碰撞检测报告对该复杂区域做进一步管线优化,最终实现零碰撞,用于后期精准指导施工安装。

4)支吊架布置

由于走道管线错综复杂,且走道水平空间狭窄,基于深化后的 BIM 模型需要先进行支吊架布置,避免后期出现支吊架无法安装空间的情况。本项目由于是多层管线排布,故考虑采用综合支吊架系统,通过减少支吊架的数量,减少钢材原材料的消耗量,从而节约成本,同时又保证管线安装的整体美观。

5)安装工序模拟

常用的工序模拟软件有 Fuzor 和 Naviswork,本项目选取 Fuzor 作为施工工序模拟的模拟软件。

将深化完成后的 BIM 模型导入 Fuzor 软件中,制订该区域走廊管线安装施工进度计划,模拟现场管线安装工艺。通过施工模拟,确定不同专业的设备和管线的进场顺序,然后按顺序安装,降低施工难度以及施工班组之间的矛盾,同时避免各专业单独施工造成施工困难、净高不足或管线拆改的问题。

6)可视化交底

将管线安装动画模拟,输出"mp4"格式的动画,为施工方的班组提供直观清晰的可视化施工技术交底。在交底过程中,需明确施工注意事项,便于施工现场技术人员对复杂区域的施工安装工序有更直观地了解,以便对现场可能发生的机电安装工程施工中的问题采取预案措施。

【任务总结】

本任务针对管线复杂节点进行工序模拟。基于深化完成后的 BIM 模型,通过 Naviswork 软件进行工序安装顺序设定,从而进行可视化安装工序模拟,最终以动画格式输出。在工序模拟过程中,需充分考虑各专业施工操作方便、检修方便等因素,制订最佳的施工顺序,以便后期高效指导施工安装。

【课后任务】

1.结合本节案例,请阐述复杂节点工艺模拟的流程。

2.结合实际工程项目,请谈谈在施工前期进行复杂节点施工安装模拟的好处。

项目 10 施工进度管理

任务 1 制订施工进度计划

【任务信息】

某工程为一个地下整体负三层、地上由四栋 13 层高层合围的"L"形单体组成的"四合院"构成。本工程定位为大型城市综合体，业态形式相当丰富，包含以下内容：超市、电影院、大型餐饮、商场、KTV、办公楼、酒店公寓、停车场等。本项目体量较大、工期紧，且因其丰富的业态形式而具有管线复杂、施工难度大的特点，因此，需要在开工前期制订周密的进度计划以及完善的保证措施，确保后续各项生产活动能够井然有序开展。

机电工程暂定开工日期 2020 年 5 月 1 日，竣工日期 2021 年 5 月 30 日，预计工期 395 天。节点工期见表 10-1-1。

表 10-1-1　施工进度时间表

时间	内容
2021 年 2 月 10 日	完成本机电安装工程
2021 年 4 月 15 日	完成机电专业系统调试
2021 年 5 月 15 日	完成机电设备联合调试
2021 年 7 月 9 日前	完成工程竣工交付

【任务分析】

1）编制依据

①招标文件和相应的施工图纸。

②国家现行规范、标准和图集，具体如下：

a.《建筑给水排水及采暖工程施工质量验收规范》（GB 50242—2002）。

b.《给水排水管道工程施工及验收规范》（GB 50268—2008）。

c.《建筑电气工程施工质量验收规范》（GB 50303—2015）。

d.《建设工程项目管理规范》（GB/T 50326—2017）。

e.《电控配电用电缆桥架》（JB/T 10216—2013）。

f.《低压流体输送用焊接钢管》(GB/T 3091—2015)。

g.《通风与空调工程施工及验收规范》(GB 50243—2016)。

h.《暖通空调制图标准》(GB/T 50114—2010)。

i.《建筑节能工程施工质量验收规范》(GB 50411—2019)。

j.《工业金属管道工程施工规范》(GB 50235—2010)。

k.《工业金属管道工程施工质量验收规范》(GB 50184—2011)。

l.《现场设备、工业管道焊接工程施工规范》(GB 50236—2011)。

m.《国家建筑标准设计给排水工程标准图集》。

n.《国家建筑标准设计设备安装工程标准图集》。

③该工程特点、施工现场实际情况、施工环境及自然条件。

2)考虑因素

(1)施工段划分

结合土建、粗装修、精装修施工进度及施工作业面合理安排机电施工的因素,同时考虑建筑功能相近或相似,机电各专业系统的分布连贯,以及参照结构沉降及收缩后浇带、延迟带的分部划分区域。

根据以上施工段划分考虑因素,本工程地下室划分为 3 个平行的施工作业区,分别为第Ⅰ施工区、第Ⅱ施工区、第Ⅲ施工区。第Ⅰ施工区和第Ⅱ施工区进行平行施工,独立配备相应的施工设备和施工班组。具体划分,如图 10-1-1 所示。

图 10-1-1 施工段划分

(2)施工作业模式

由于工期紧张,存在多个专业和班组同时交叉施工的情况,为避免施工工序矛盾和作业面矛盾,应采用小区域、小工序、多流水的措施进行组织施工。根据技术方案安排工序,按各工序间的衔接关系顺序组织均衡施工;首先安排工期最长、技术难度最高和占用劳动力最多的主导工序,优化小流水交叉作业。

(3)劳动力投入

劳动力实行专业化组织,按照不同工种、不同施工部位来划分作业班组,使各专业班组从事性质相同的工作,提高操作的熟练程度和劳动生产率,以确保工程施工质量和施工进度。根据工程实际进度,及时调配劳动力,实行动态管理。具体劳动力安排见表10-1-2。

表 10-1-2　施工作业劳动力安排

序号	工种	需要数量/人	备注
1	电　工	80	随进度进场
2	管　工	60	随进度进场
3	通风工	40	随进度进场
4	焊　工	18	随进度进场
5	油漆工	10	随进度进场
6	保温工	15	随进度进场
7	普　工	25	随进度进场
合计/人		248	

【任务实施】

基于 BIM 的进行进度计划编制:

1) 总进度计划编制

基于 BIM 设计模型,统计工程量,按照施工合同工期要求,确定各单项、单位工程施工工期及开、竣工时间,运用 Project、P6、梦龙等进度管理软件进行绘制,确定总进度网络计划。使其与 BIM 模型联结,形成 BIM 4D 进度模型,如图 10-1-2 所示。

图 10-1-2　总进度计划编制流程

2) 二级进度计划编制

在 BIM 4D 总进度模型的基础上,利用 WBS 工作结构分析,进行工作空间定义,联结施工图预算,关联清单模型,确定 BIM 4D/5D 进度-成本模型,得出每单位工程中主要分部分项工程每一任务的人工、材料、机械、资金等资源消耗量。此过程可以利用广联达 5D 施工管理软件进行,也可以利用 Revit、Navisworks 等软件联结完成,如图 10-1-3 所示。

3) 周进度计划编制

在二级进度计划的基础上,由各分包商、各专业班组负责人、项目部有关管理人员共同细化、分解周工作任务,通过讨论、协调各交叉作业,最终形成共同确定的周进度计划。

4) 制订日常工作

根据 BIM 周进度管理计划显示每一施工过程的施工任务,材料员负责材料日常供应,由专业班组负责人进行日工作报告,质检员、施工员、监理员进行完成工作的质量验收,通过这些末位计划系统负责人狠抓施工质量并落实施工图标。

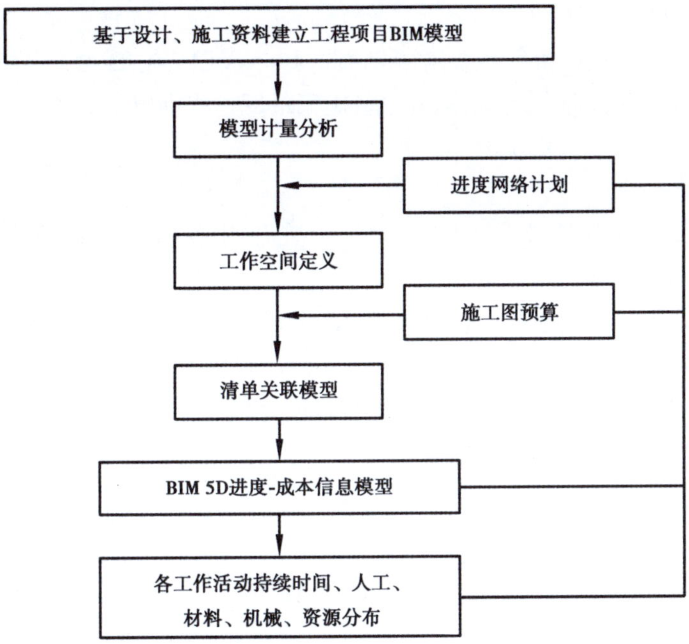

图 10-1-3　二级进度计划编制流程

【任务总结】

　　本任务完成了基于 BIM 进度计划的制订,结合项目的参考依据,同时充分考虑施工段划分、施工作业模式、劳动力投入等施工要素,基于业主方拟定的施工工期,进行进度计划编制。在编制过程中,首先编制总进度计划,其次根据总进度计划逐级编制下一级进度计划,最终制订完整的进度计划。

【课后任务】

　　1.施工进度计划编制需要考虑哪些因素?
　　2.谈谈基于 BIM 进度计划编制的具体流程。

任务 2　施工进度模拟

【任务信息】

　　施工进度模拟即将 BIM 三维模型管理关联进度计划信息,能够形成以 BIM 模型为基础、WBS 工作分解为核心、进度计划为扩展的 4D 信息模型,实现施工过程的可视化表达。

　　目前 4D 进度模拟软件比较多,比如 Naviswork、Synchro 4D、Project Wise Navigator 等。其中,Naviswork 是使用的较为广泛的一款软件,不仅可兼容各种不同类型的设计模型,还为不同施工设计软件提供了接口,有效实现了施工进度信息与三维模型之间的对接。

本节主要利用 Revit、Microsoft Project、Navisworks 进行施工项目进度计划模拟流程讲解,其中,Revit 作为施工进度模型创建载体,Microsoft Project 用于施工进度计划编制,Navisworks 用于关联进度模型与进度计划的载体,并进行施工进度过程模拟。

【任务分析】

模型的建立是所有 BIM 技术工作的基础,首先利用 Revit 软件自身功能导出 Autodesk 旗下同系列 Navisworks 软件. nwc 格式文件备用,然后将项目编制的 Microsoft Project 进度计划表添加到 Navisworks 中,此时通过 Revit 将 Microsoft Project 文件与 Navisworks 建立了联系并整合为一个文件,最后,对模型与进度计划进行逻辑关联,形成与建设项目基本一致的 BIM 4D 虚拟施工环境,进而辅助管理者对项目进度计划进行综合分析、调整和管控,具体应用流程图,如图 10-2-1 所示。

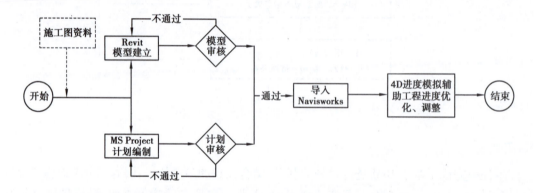

图 10-2-1　基于 Revit、Microsoft Project、Navisworks 的进度计划管理 BIM 应用流程图

【任务实施】

1)进度模型创建

Revit 模型创建时,需按照现场实际流水段划分、进度计划工作面及工作节点等规划逻辑进行模型建立。模型的精细化分解程度影响后期与进度计划信息关联的匹配度,进而会影响施工现场进度的模拟情况,因此,前期模型创建工作需准确、精细。

2)任务列表生成

在 Naviswork 环境中生成任务列表的方式有两种:一种是基于模型直接编辑进度计划,即逐个添加任务;另一种是添加数据源直接生成任务列表。由于施工模拟准备工作中已经制订了详细的施工计划,本项目直接采用已有的 Project 施工计划书作为数据源生成任务列表。在施工过程中,如发生一些变更,又或者是增加一些工作内容,此时可以手动添加新的任务并手动将该任务对应的构建集附着到任务列中,完成任务项的关联。

3)构件信息关联

在任务列表建立后,为了使任务列表中的各项任务与模型中的各个构件进行关联,需要进行构件附着,确保施工模型构件与进度计划实时联动。

4) 进度模拟与动画制作

为了便于分辨进度模拟的完成状态,需要设置施工模拟中各个施工项目的开始、结束、提前延后等外观状态,可以设置为隐藏、半透明,以及设置为各种颜色等。

创建完成的 4D 进度模拟,以天、周、月为时间单位,而且可以按照不同时间间隔对施工进度进行正序或是逆序的模拟,形象地反映整个施工进度,根据实际现场需要,选择施工过程中任一时间段进行施工模拟,在这一过程中去体验项目、验证分析进度方案,以便达到辅助改进进度规划、发现过程风险的目的,最终实现 BIM 技术在项目进度管理方面的作用。

【任务总结】

本任务介绍了基于 BIM 的施工进度模拟流程。整个模拟过程需特别注意进度模型拆分的构件与进度计划任务的匹配和关联,只有二者高度一致,才能最大限度地反应施工进度过程。

【课后任务】

1. 阐述基于 Naviswork 进度模拟的应用流程。
2. BIM 进度模拟相较于传统施工进度模拟的优越性体现在哪些方面?

任务 3　施工进度控制

【任务信息】

本任务是基于 BIM 5D 项目管理平台讲解施工进度控制的流程。BIM 5D 将多级计划打通,实现各级计划的联动,以周任务的分派、执行为核心流程,通过周任务的完成时间逐级向月计划和总计划反馈,不断校核计划内容,从而能达到总体进度的控制,如图 10-3-1 所示。

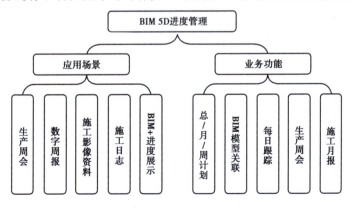

图 10-3-1　BIM 5D 进度管理架构

【任务分析】

基于项目管理平台创建进度模型并与优化后的进度信息进行关联,从而获取项目各部位的计划时间、实际完成时间等进度信息。通过将模拟计划进度与现场采集的实际进度进行对比分析,从而发现施工进度偏差,通过分析进度偏差原因,能够及时采取纠偏、调整措施。

具体管理流程,如图 10-3-2 所示。

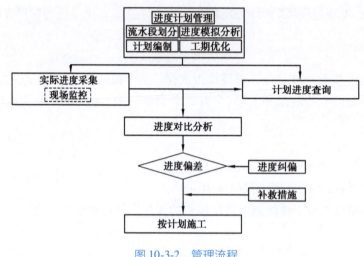

图 10-3-2　管理流程

【任务实施】

1)进度管理模型

在进度管理模型创建前,BIM 实施人员将根据项目特点创建项目工作分解结构,包括整体工程、单位工程、分部工程、分项工程、施工段、工序,并结合各任务间的关联关系、任务资源、任务持续时间以及里程碑节点的时间要求,编制不同层次的项目进度计划,项目进度计划中需明确各个节点的开工、完工时间以及关键线路。基于深化设计模型,通过对模型中的构件附加或关联工作分解结构、进度计划、资源和进度管理流程等,创建形成进度管理模型,然后进行工程量与资源分析,优化进度计划。

2)实际进度采集

为了确保有序进行比较和分析,实际进度数据应及时、准确地收集并输入平台中。一般在工程项目建设过程中可以实时收集到很多关于项目进度的信息数据,通过手动方式及时地将这些收集到的信息数据输入模型及管理平台上,以保证施工现场的实时进度信息得以及时更新,有利于工程项目的动态跟踪。

3)进度跟踪

在项目实施阶段,BIM 实施人员将定期在进度管理模型中更新施工作业实际开始时间、形象进度完成百分比、实际完成时间、实际计算工期等进度信息,并根据进度结果,分析进度计划,必要时将调整工作分解结构,删除或添加作业,调整作业间的逻辑关系,定期更新进度并将其与目标计划进度进行比较以便在必要时实施应变计划。

4)进度分析

施工阶段,在更新维护项目进度的同时,BIM 实施人员将通过发包人提供的工程项目管理平台持续跟踪项目进展,并定期对比计划与实际进度,分析进度信息,发现偏差和问题,通过采取相应的控制措施,解决已发生的问题,并预防潜在问题。

5)纠偏与进度调整

通过本项目的实际进度与项目计划进度的对比分析可发现偏差,并指出项目中存在的潜在问题。为避免偏差带来的问题,在项目实施过程中会不断调整目标,并采取合适的措施解决出现的问题。若项目发生较大变化或严重偏离项目进程,则会重新安排项目进度并确定目标计划,调整资源分配及预算费用,从而实现进度平衡。

【任务总结】

本任务介绍了基于 BIM 项目管理平台的施工进度控制流程。在整个控制流程中,前期施工进度模型的精细度尤为重要,是整个施工过程能够进行精确进度模拟的核心,中期进度跟踪、分析、纠偏调整均是保证能够进行有效的进度控制措施,最终实现施工进度计划与实际施工进度相匹配。

【课后任务】

1. 简述 BIM 进度计划的控制流程。
2. 结合实际工程项目分析 BIM 进度控制的优势。

项目 11　施工质量管理

任务 1　施工准备阶段质量管理

【任务信息】

为了避免造成大量变更,保证项目进度、质量目标,在施工准备阶段需要开展图纸会审、技术交底等工作,提前发现图纸中存在的问题,预见施工中可能出现的技术难题和质量通病,通过预防和改进施工工艺等手段达到质量控制的目的。做好施工准备阶段的质量管理对整个施工过程质量控制十分重要,施工准备阶段的质量控制是整个施工过程质量控制中最关键、最经济和影响力最大的环节。

【任务分析】

图纸交底是在施工准备阶段,施工图经审查机构审查合格后,项目各参加单位在收到施工图设计文件后,对图纸文件进行全面细致的了解,并由建设单位组织设计单位、施工单位、监理单位、顾问等相关单位开展图纸会审工作,对施工图中存在的问题及不合理的情况一并提出,交由设计单位进行解答和处理。

技术交底是使施工人员对工程特点、技术质量要求、施工方法与措施和安全等方面有较详细了解的必要措施,以便于科学地组织施工,安全文明生产。技术交底包括图纸交底、施工技术措施交底、安全技术交底等,在每一单项和分部分项工程开始前,均会进行技术交底工作,以便施工人员严格按照施工图、施工组织设计、施工验收规范、操作规程和安全规程的有关技术规定施工,保证工程质量及安全。

【任务实施】

1）图纸会审

图纸会审是施工准备阶段技术管理的主要内容之一,认真做好施工图会审,检查图纸是否符合相关条文规定,是否满足施工要求,施工工艺与设计要求是否矛盾,以及各专业之间是否冲突,对减少施工图中的差错,完善设计,提高工程质量和保证施工顺利进行都有着重要意义。因此,施工图会审的深度和全面性将在一定程度上影响工程施工的质量、进度、成本、安全和工程施工的难易程度。只要认真做好此项工作,图纸中存在的问题一般都可以在图纸会审时被发现并尽早得到处理,从而提高施工质量、节约施工成本、缩短施工工期,提高效益。因此,图纸会审是工程施工前的一项必不可少的重要工作。应用 BIM 技术的三维可视化辅助图纸会审,形象直观。

　　施工图会审应分为两个阶段:首先要进行施工图自审,并做好自审记录;然后进行施工图会审。基于 BIM 的施工图会审流程,如图 11-1-1 所示。

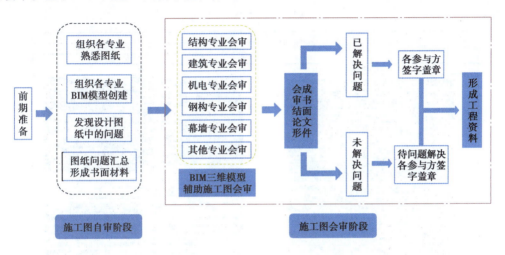

图 11-1-1　基于 BIM 的施工图会审流程

(1) 施工图自审

　　工程设计施工图,虽然经过设计单位和图审机构的层层把关,但是难免会出现错、漏、碰现象。如果施工技术人员为了保证施工的顺利进行,实现企业年度质量奋斗目标,那么,在工程开工前,进行图纸自审是至关重要的。

　　在创建深化设计模型的过程中,对发现的图纸问题进行详细记录,记录内容包括图纸名称、图纸编号、图纸问题位置(轴网交点)、图纸问题描述、图纸截图(BIM 模型截图)、建议等。机电专业施工图自审包括但不限于以下内容:

　　①各专业之间,尤其是设备专业和土建专业图纸上的轴线、标高、尺寸是否统一,有无矛盾之处。

　　②各平面、大样及系统图是否一致。

　　③图纸图面标注、注释是否完善。

　　④机房、卫生间、风井等详图是否完善,详图与平面图是否一致。

　　⑤各系统管线和设备尺寸、设备信息在平面图中是否完善。

　　⑥专业图纸轴线、比例应与建筑、结构平面保持一致,且应有室内外地面标高、房间名称等。

　　⑦管线附件及设备的图例是否清楚,设备材料表须列出设备及材料的规格、型号、数量、具体技术要求等,以及设计施工图纸中采用的材料、构(配)件能否购到。

　　⑧图中选用的新材料、新技术、新工艺表示是否清楚。如新材料的技术标准、工艺参数、施工要求、质量标准等是否表示清楚,能否施工。

　　⑨设计施工图纸能否符合实际情况,施工时有无困难,能否保证质量。

　　⑩图中选用的设备是否为淘汰产品。

⑪结构预留洞与机电各专业预留洞尺寸、位置、标高、功能是否一致。

⑫电气埋管布置和走向与土建图纸是否合理恰当。

以某地下车库项目施工图为例，此处楼梯间加压送风系统位于休息平台下方，无法为楼梯间送风，如图 11-1-2 所示。此处建议修改加压送风风管路由，以满足楼梯间的送风要求。

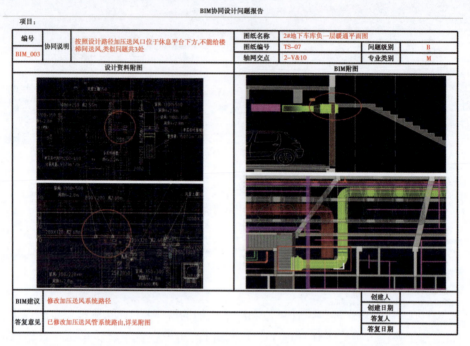

图 11-1-2　机电专业图纸自审

图纸自审完成后，由专人负责整理并汇总，在图纸会审前交由建设（监理）单位送交设计单位，目的是让设计人员提早熟悉图纸存在的一些问题，做好设计交底准备，以节省时间，提高会审质量及效率。

（2）施工图会审

施工图会审由建设单位召集进行。并由建设单位分别通知设计、监理、施工单位（分包施工单位）等参加。施工图会审的一般程序：业主或监理方主持人发言→设计方图纸交底→施工方、监理方代表提问题→逐条研究→形成会审记录文件→签字、盖章后生效。

基于 BIM 的多方施工图会审，以 BIM 三维模型为沟通媒介，业主、设计、监理、施工单位（分包施工单位）等各项目参与方，在施工图会审过程中，对图纸设计问题进行逐一评审并提出修改意见。基于 BIM 模型的三维可视化，图纸中的设计问题可以更直观地体现出来，极大地提高了沟通效率。

机电专业施工图会审内容如下：

①专业图纸之间、平立剖面图之间有无矛盾，标注有无遗漏。

②总平面与施工图的几何尺寸、平面位置、标高等是否一致。

③防火、消防是否满足。

④建筑结构与各专业图纸是否有差错及矛盾。

⑤结构图与建筑图的平面尺寸及标高是否一致。

⑥建筑图与结构图的表示方法是否清楚。

⑦预埋件是否表示清楚。

⑧材料来源有无保证;新材料、新技术的应用是否有问题。

施工图会审后,由施工单位对会审中的问题进行归纳整理,建设、设计、监理及其他与会单位进行会签,形成正式会审记录,作为施工文件的组成部分。会审记录的内容如下:

①工程项目名称。

②参加会审的单位(要全称)及其人员名字。

③会审地点(地点要具体),会审时间(年、月、日)。

会审记录内容:

①建设单位、监理单位、施工单位对设计图纸提出的问题,已得到设计单位的解答或修改的(要注明图别、图号,必要时要附图说明)。

②施工单位为便于施工,施工安全或建筑材料等问题要求设计单位修改部分设计的会商结果与解决方法(要注明图别、图号,必要时附图说明)。

③会审中尚未得到解决或需要进一步商讨的问题。

④列出参加会审单位全称,并盖章后生效。

2)技术交底

技术交底是指在某一单位工程开工前,或一个分项工程施工前,由相关专业技术人员向参与施工的人员进行的技术性交待,其目的是使施工人员对工程特点、技术质量要求、施工方法与措施和安全等方面有一个较详细的了解,以便于科学地组织施工,避免技术质量等事故的发生,各项技术交底记录也是工程技术档案资料中不可缺少的部分。基于 BIM 模型的技术交底步骤,如图 11-1-3 所示。

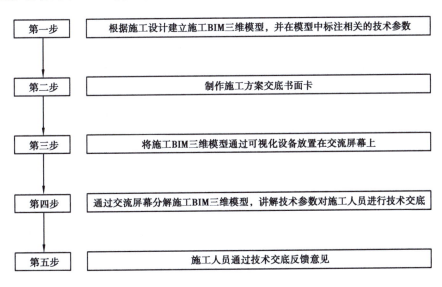

第一步	根据施工设计建立施工BIM三维模型,并在模型中标注相关的技术参数
第二步	制作施工方案交底书面卡
第三步	将施工BIM三维模型通过可视化设备放置在交流屏幕上
第四步	通过交流屏幕分解施工BIM三维模型,讲解技术参数对施工人员进行技术交底
第五步	施工人员通过技术交底反馈意见

图 11-1-3　基于 BIM 模型的技术交底步骤

以某深化设计项目技术交底为例。此处走道管线较多,业主对净高要求较高。为了便于施工人员能够准确理解设计意图,通过对该复杂节点辅以平面、剖面、三维轴测图的形式,以三维模型的方式对施工一线班组进行交底,直观展示复杂节点情况,便于施工班组的理解,确保交底内容不流于形式,如图 11-1-4 所示。

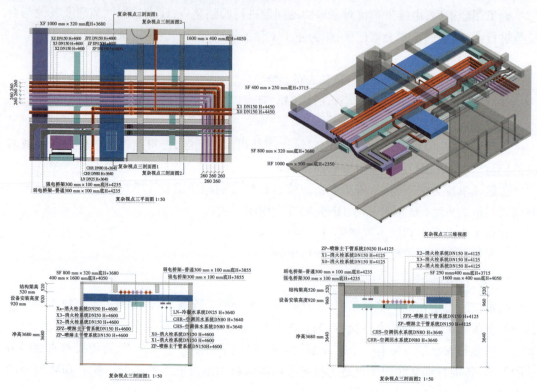

图 11-1-4　某走道复杂节点

【任务总结】

施工准备阶段的质量管理主要包括施工图图纸会审、技术交底。通过图纸会审,提前发现图纸中的问题,在图纸会审会上进行讨论与处理,形成施工图会审记录文件,并由设计单位对设计图纸进行完善与处理,避免造成拆改与返工。通过基于 BIM 模型技术交底可有效提高工作效率交底内容的直观性和精确度,使施工人员能够快速理解设计方案和施工方案,保证施工目标的顺利实现,同时使交底的内容更加直观,施工工艺的执行更加彻底。

【课后任务】

1. 阐述施工图图纸会审目的和会审内容。

2. 请根据你的理解阐述施工技术交底的要求。

施工过程质量管理

【任务信息】

施工过程是控制质量的主要阶段,这一阶段的质量管理工作主要有:做好施工的技术交底,监督按照设计图纸和规范、规程施工;进行施工质量检查和验收;质量活动分析和实现文明施工。施工过程质量管理包括 3 个工作任务,即物料质量管理、施工过程质量控制、成品及半成品保护。

【任务分析】

产品质量管理是指在物料从出厂、进场到使用过程中的动态管控以及物料的追踪溯源。基于 BIM+RFID 模式是一种新的物料管理模式。通过采取对物料进行预算、调整、审批、发料、现场跟踪管理、信息反馈、制订措施等方法,对物料整个供应及使用过程实行全方位、全过程、走动式、互动式的全面管理,一控到底,如图 11-2-1 所示。

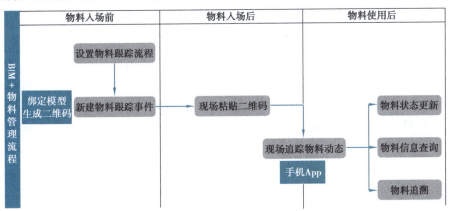

图 11-2-1 物料管理流程

施工过程质量控制是在日常质量控制过程中,主要应用 BIM 项目管理平台的质量管理模块,将工程质量过程规范化。基于 BIM 的 5D 质量信息模型,针对质量控制要求对质量控制数据进行采集与分析,并将其作为施工质量检验评定的依据,具体流程如下:质检员发现质量问题→拍摄照片附文字说明→质量问题位置定位→确定质量问题类型→选择质量问题整改责任人/参与人→确定质量问题整改期限→推送至云平台→整改责任人接收质量问题→安排质量整改→完成质量问题整改并自检→拍摄照片附整改文字说明→推送至云平台→质检员接收整改完成通知→验收整改完成情况→视整改完成情况关闭任务或发送再次整改要求至云平台。该流程既明确了质量过程控制中质检员和问题整改责任人等质量管理参与人员的职责,同时也将所有质量过程控制的数据有效地保存下来,做到质量管理过程可追溯。具体分析流程,如图 11-2-2 所示。

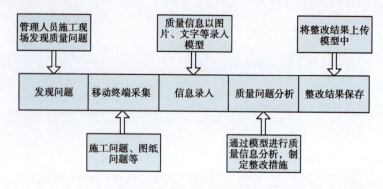

图 11-2-2　施工现场工程质量信息管理流程

【任务实施】

1）物料质量管理

在物料进入工地现场之前,应根据施工组织设计中的现场平面布置图的要求,准备好材料堆放的场地和搭设临时仓库。进入施工现场的物料应进行验收,材料进场验收是材料由流通领域向消耗领域转移的中间环节。材料进场验收主要是检查材料的品种、规格、数量和质量,根据材料采购计划、订货合同、质量保证书或者具有生产厂家的材质证明(包括生产厂家、材料品种、出厂日期、出厂编号、检验试验报告等)和产品合格证进行材料的名称、品种、规格、数量和质量检查。材料进场验收要遵照质量验收规范和计量检测规定。物料进场验收需要建设单位、施工单位和监理单位一起完成验收,同时在验收时还要提供验收申请表。

材料进场验收合格后,验收人员应填写材料进场检测记录。材料入库应由材料员填写验收单,验收单由计划员、采购员、保管员和财务报销员各持一份。

基于物联网的物料现场管理,可以有效规范材料的各个管理环节,如材料的出厂、运输、验收入库、领料出库、使用部位等。如利用二维码或 RFID 技术,在施工材料上粘贴或挂接电子标签来标识物料的属性,在进场验收、入库登记、领料出库等环节进行扫码跟踪,扫码所得信息直接进入数据库,可以实时更新仓储数据库,确保能够精确地管理物资仓库的进出与库存控制,防止物料的不明流失和损坏且无迹可寻,解决账上数据和实物情况不符等问题,提高入库、出库、盘点等管理的效率与准确性。

（1）物料查询追溯

通过使用信息化平台管理,在出现物料问题时,选择需要查看的构件,便可以调取构件所采用的物料批次、厂商和出厂、验收资料信息,找出质量问题所在,追责、持续改进。同时也便于问题物料的及时退场。此外,物料信息可以与模型相关联,从而实现物料的三维可视化追溯,如图 11-2-3 所示。

（2）移动端扫码查询

在物料进场后,现场人员通过手机端扫描二维码,便可以随时便捷地添加和查看物料的进场、验收、维护等信息,为现场人员的工作提供便利,如图 11-2-4 所示。

图 11-2-3　物料追溯

图 11-2-4　现场人员扫码查询

2）施工过程质量控制

日常质量过程管理,企业会根据实际项目情况,以及质量验收规范、质量管理要求,编制各分部分项工程常见质量问题建立质量通病清单,提前植入 BIM 项目管理平台中,从而规范质量过程管理的具体内容。

（1）质量数据收集与录入

在施工现场监理工程师或者其他质量检查人员在巡查或验收时,"手持平板电脑、手机等移动终端设备,发现质量问题后,拍摄图片和视频来记录质量信息,通过网络可即时导入施工建筑信息模型,并在模型相应位置进行定位,辅以文字进行描述。系统实时通知现场的施工管理人员并进行警示,质量人员及时明确问题种类,分析问题原因,及时制定处置措施并安排整改,整改完后将结果上传至模型中,形成质量问题发现分析—处理—反馈的一个闭环流程。通过这一过程,让各方管理者随时掌握现场质量风险,方便信息协同共享,提高各方的沟通效率,同时加强质量的闭环控制,防止监管不足或者有检查无整改的情况。

①现场收集。基础采集方式可采用数码相机、IPAD 等普通拍照方式。当在现场情况复杂、质量信息量大、涉及对象多的情况下,可配合使用三维扫描技术,并辅以视频影像。其中,三维扫描技术辅助质量检测是指采用三维激光扫描仪对现场建筑构件进行扫描,在点云模型中可以进行墙面平整度、垂直度、阴阳角等实测实量,点云模型转换成 BIM 模型后可与设计 BIM 模型进行对比,与传统的现场质量抽查的检测方法相比,三维扫描可以得到现场各部位真实的实测实量尺寸,快速反映施工误差值,并为后续工序提供现场真实尺寸,如图 11-2-5 所示。

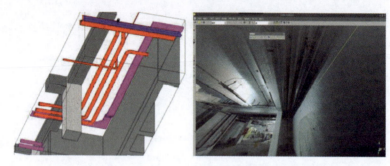

图 11-2-5　BIM 模型与点云扫描结果的对比

②质量信息录入。将现场质量信息记录后,需将信息录入至 BIM 模型中,并与相关构件进行关联,为原有模型再增加一项新的质量信息维度。质量信息录入,如图 11-2-6 所示。

图 11-2-6　质量信息录入

（2）质量问题整改

通过 BIM 项目管理平台,实时通知质量问题责任人,提醒质量问题责任人在规定的时间内对质量问题进行整改。质量问题责任人也能通过该问题描述和相关构件定位,与施工现场进行比对,将质量问题整改到位。质量问题整改完成后,质量问题责任人通过 BIM 项目管理平台进行整改回复,待质量问题发起人进一步验收,实现质量管理闭环,可追溯。

(3) 质量数据分析

施工过程中,因为人、机、料、法、环等各方面因素的变化,施工质量会出现波动,出现质量问题。通过 BIM 平台的质量信息传递,建立工程质量问题的数据资料,促使工程管理者通过数据统计分析,形成针对性的质量分析报告,采取控制措施,补足薄弱环节,为后续施工打下基础。同时在项目层面,基于 BIM 平台中各种施工信息的分析汇总,可以更好地对各个工程质量问题进行统计分析,形成科学的质量信息反馈,对于近期集中出现的质量问题采取有效应对措施,在总结质量控制措施的基础上,修改补充工序质量标准、施工操作工艺,为今后的工程提供经验。

在质量控制计划检查阶段,将通过多种检测途径获取的质量数据自动或半自动方式输入模型后可进行数据分析。通过平时各方的检查、巡查,检查目标达成情况,每月需对工程质量情况做总结报告。召开项目会议,根据各目标实际情况进行分析讨论,每月对未达到目标的项目,分析原因制订合理对策,并做追踪,如图 11-2-7 所示。

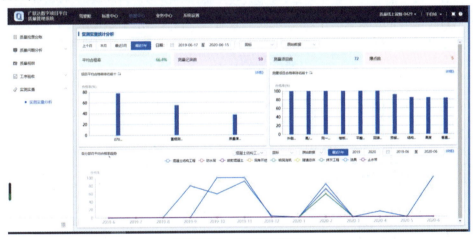

图 11-2-7　质量数据统计

【任务总结】

施工过程的质量管理主要包括对物料的质量管理以及施工过程的质量控制。首先,在物料进场时,对物料进行验收,并将验收清单与物料进行关联,便于后续追溯,保证后续安装质量。其次,在施工过程,通过日常巡检,利用移动 App 端对施工过程质量问题进行现场信息采集、录入,发送给相关责任人,相关责任人实时收到质量问题信息,并及时进行质量问题整改,实现质量管理的闭环,确保整个工程质量目标的实现。

【课后任务】

1. 谈谈监理是如何基于 BIM 技术进行工程质量控制。
2. 请分析出现质量问题时,如何做好质量分析与总结?

施工质量验收

【任务信息】

　　施工过程和竣工质量验收的主要任务是对检验批、分项工程、分部工程、单位工程、单项工程进行逐级验收,确保工程质量。

【任务分析】

　　施工阶段质量验收工作任务是按照质量验收计划对检验批→分项工程→分部工程→单位工程→单项工程,直至整个项目的每一个施工过程严格按照相关要求和标准进行检查验收。基于 BIM 技术进行施工质量验收,通过将 BIM 模型和其相对应的规范及技术标准相关联,简化传统检查验收中需要带上施工图纸、规范及技术标准等诸多资料的麻烦,仅仅带上移动设备即可进行精准的检查验收工作,轻松地将检查验收过程及结果予以记录存档,大大地提高了工作质量和效率,减轻了工作负担。基于 BIM 的质量验收业务逻辑,如图 11-3-1 所示。

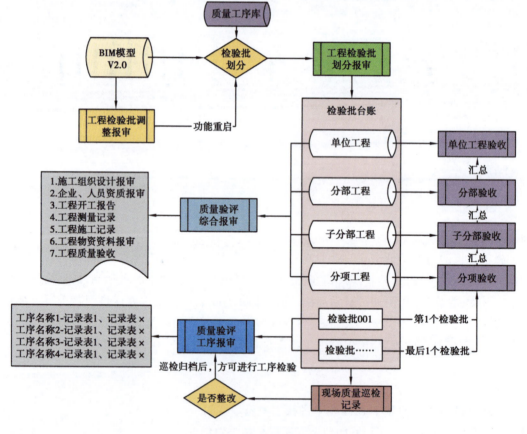

图 11-3-1　基于 BIM 的质量验收业务逻辑图

【任务实施】

1) 质量验收和竣工验收的模型划分与匹配

对项目的单位工程、分部工程、分项工程和检验批,需与对应的 BIM 模型进行匹配关系建立(按照专业性质、工程部位、材料种类、施工工艺工序、楼层、施工段、变形缝等进行划分,具体参见《建筑工程施工质量验收统一标准》)。对某些无法与实体 BIM 模型匹配的质量验收划分,在系统中建立逻辑名称文件夹,以保存与该划分相关的现场资料及其他非几何信息。某通风与空调工程项目分部、子分部、分项工程的划分见表 11-3-1。

表 11-3-1 分部、子分部、分项工程的划分

序号	分项工程	检验批划分原则	备注
1	风管系统安装	每系统每层一个检验批	
2	空气处理设备安装	单位工程	
3	消声设备制作与安装	每层一个检验批	
4	风管与设备防腐	每系统每层一个检验批	
5	防排烟风口、常闭正压风口与设备安装	每层一个检验批	
6	风机安装	单位工程	
7	制冷机组安装	每台一个检验批	
8	制冷剂管道及配件安装	每层一个检验批	
9	制冷附属设备安装	每层一个检验批	
10	管道及设备的防腐与绝热	每层一个检验批	
11	管道冷热(媒)水系统安装	每层一个检验批	
12	冷却水系统安装	每层一个检验批	
13	冷凝水系统安装	每层一个检验批	
14	阀门及部件安装	每层一个检验批	
15	冷却塔安装	每台一个检验批	
16	水泵及附属设备安装	每系统一个检验批	
17	管道与设备的防腐与绝热	每层一个检验批	

2) 质量验收及竣工验收的检验批建立

按照《建筑工程施工质量验收统一标准》《通风与空调工程施工质量验收规范》等建筑工程施工质量验收标准、规范和技术规程,结合本工程竣工验收的实际要求,针对检验批的主控项目和一般项目建立抽样检验的标准化流程项。

检验批划分是利用 WBS(工作分解结构)分解,按照施工组织设计和施工方案的要求,将 BIM 机电模型中的构件按照类型和空间位置分解为检验批,确保模型的几何精度、模型边界、构件扣减、构件编码、构件名称等方面满足质量管理要求。基于 BIM 的项目管理平台检验批建立,如图 11-3-2 所示。

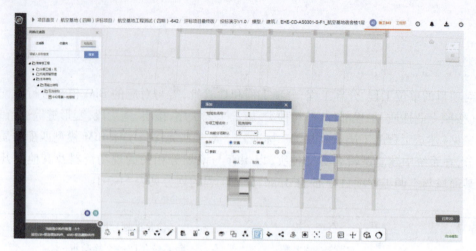

图 11-3-2　检验批建立

3）质量验收

质量验收过程包括检验批验收→分项工程验收→分部（子分部）工程验收→单位（子单位）工程验收→竣工备案→工程交付使用→竣工资料（包括竣工图）交付存档。

（1）检验批验收

检验批的评定与验收按照要求需进行资料检查和实物检验，首先由施工班组进行自检，然后由项目质检员进行检查、评定，对照 5D 质量模型中的设计要求检查，并在质量模型中填写检验批质量验收记录相关资料数据，并随后及时报监理工程师组织验收。检验批验收与工程资料的形成及审核流程，如图 11-3-3 所示。

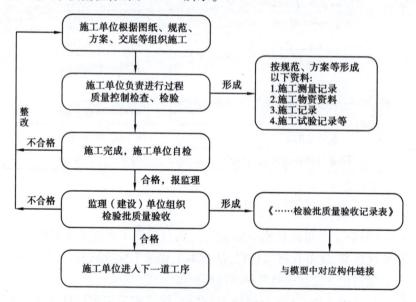

图 11-3-3　检验批验收与工程资料的形成及审核流程

（2）分项工程验收

分项工程验收与工程资料的形成及审核流程，如图 11-3-4 所示。

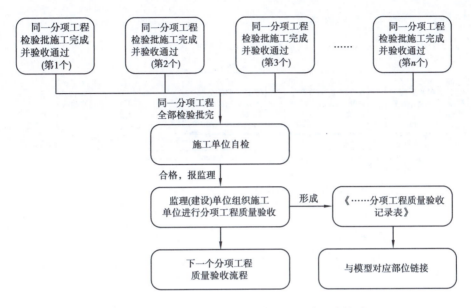

图 11-3-4　分项工程验收与工程资料的形成及审核流程

（3）分部（子分部）工程验收

分部（子分部）工程验收与工程资料的形成及审核流程，如图 11-3-5 所示。

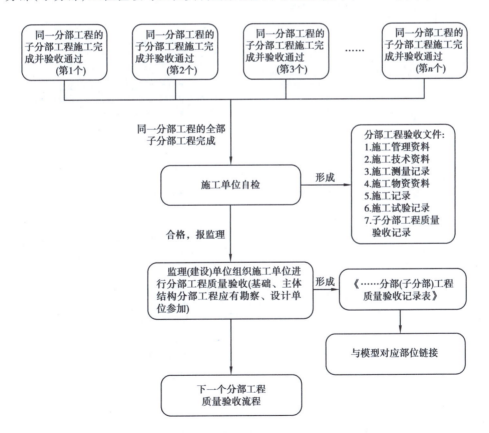

图 11-3-5　分部（子分部）工程验收与工程资料的形成及审核流程

(4) 单位(子单位)工程验收

单位(子单位)工程验收与工程资料的形成及审核流程,如图 11-3-6 所示。

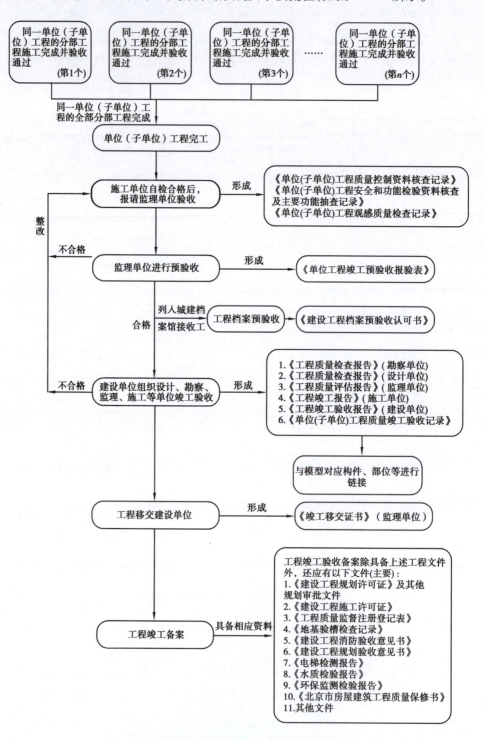

图 11-3-6　单位(子单位)工程验收与工程资料的形成及审核流程

质量验收合格是计量与实际完工的前置条件,通过 BIM 项目管理平台实时展示各验收单元的质量验收状况,并实现质量验收资料的及时交付,将质量验收材料作为工程进度款计量支付的支撑材料,通过质量验收材料对是否满足合同中规定的阶段质量要求进行判断。

此外,在质量验收过程中,可基于 BIM 项目管理平台对质量验收过程形成的项目质量验评表单、现场佐证、电子签章等质量验评数据,分别按照工程架构、专业等维度进行统一整合,形成工程电子档案,实现项目质量验收过程数据可追溯,如图 11-3-7 所示。

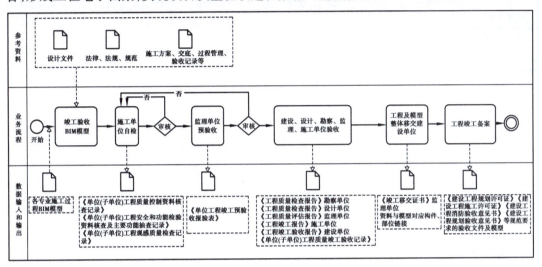

图 11-3-7　工程竣工验收 BIM 模型创建流程

【任务总结】

在质量验收前,首先要划分机电工程检验批,并与 BIM 模型建立匹配关系。然后在施工过程及竣工验收过程中,逐一按照检验批→分项工程→分部工程→单位工程→单项工程的顺序对机电工程进行质量验收,并将各过程的质量验收检查记录与模型关联,通过模型可查询各过程质量检查验收的情况,可为后续质量责任追溯提供依据。

【课后任务】

1.请简述对于 BIM 在工程项目质量验收管理未来的发展与应用的见解。

2.机电工程竣工验收需要注意哪些事项?

项目 12 施工安全管理

任务 1 安全管理模型创建

【任务信息】

依据图纸/文件进行建模,按照设计变更通知单/变更图纸、当地的规范和标准类文件,以及其他特定要求进行模型更新。

【任务分析】

安全管理模型创建需涉及图纸/设计类文件、总体进度计划文件、当地规范和标准类文件(其他特定要求)、专项施工方案、技术交底方案、设计交底方案、危险源辨识计划、施工安全策划书等,并将相关信息录入模型。

【任务实施】

(1)建模依据

依据图纸/文件进行建模,图纸/设计类文件、总体进度计划文件、当地的规范和标准类文件(其他特定要求)、专项施工方案、技术交底方案、设计交底方案、危险源辨识计划、施工安全策划书、设计变更通知单/变更图纸、当地的规范和标准类文件,以及其他特定要求用于模型更新。

(2)上游质量管理数据输入

从上游获取的质量管理数据见表 12-1-1。

表 12-1-1 从上游获取的质量管理数据

数据的类别	数据的名称	数据的格式
建筑物的信息	工程概况/建筑材料种类	文本
施工组织资料	施工组织设计	文本
	施工平面布置图	

续表

数据的类别	数据的名称	数据的格式
施工组织资料	施工机械的种类	格式化的数据
	施工进度计划	
	劳动力组织计划	
施工技术资料	施工方案/技术交底	文本
BIM 数据	BIM 数据	格式化的数据

（3）安全管理模型内容

安全管理所涉及的 BIM 模型的模型细度主要集中在施工过程阶段,具体见表 12-1-2。在施工前,基于深化设计模型,附加或关联安全生产/防护设施、安全检查、风险源、事故信息,创建形成安全管理模型。在施工过程中,项目实施人员将利用模型辅助识别风险源,进行安全技术交底,并将安全技术交底记录以及施工过程安全隐患整改信息、事故调查报告、处理决定等附加或关联到相关模型元素中,便于统计分析项目中存在的安全问题及整改情况,为工程安全管理持续改进提供参考和依据。安全管理模型创建流程,如图 12-1-1 所示。

表 12-1-2　安全管理模型内容要求

模型元素类别	模型元素及信息
安全生产/防护设施	①脚手架、垂直运输设备、临边防护设施、洞口防护、临时用电、深基坑等; ②几何信息包括位置、几何尺寸等; ③非几何信息包括设备型号、生产能力、功率等
安全检查	安全生产责任制、安全教育、专项施工方案、危险性较大的专项方案论证情况、机械设备维护保养、分部分项工程安全技术交底等
风险源	风险隐患信息、风险评价信息、风险对策信息等
事故	事故调查报告及处理决定等

【任务总结】

安全管理模型的创建涉及整个施工过程,在施工过程中,通过基于 BIM 项目管理平台将安全生产/防护设施、安全检查、风险源、事故信息、安全检查记录等内容与 BIM 模型进行附加或关联,形成安全管理模型。

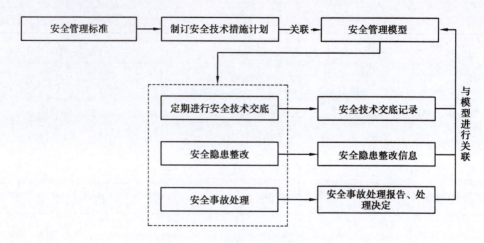

图 12-1-1　安全管理模型创建流程

【课后任务】

　　阐述安全管理模型的创建流程。

任务2　安全管理

【任务信息】

　　基于 BIM 技术,对施工现场重要生产要素的状态进行绘制和控制、对施工现场进行科学化安全管理,有助于实现危险源的辨识和动态管理,有助于加强安全策划工作。使施工过程中的不安全行为、不安全状态能够得到减少和消除。做到不引发事故,尤其是不引发使人员受到伤害的事故,确保工程项目的效益目标得以实现。施工安全管理主要包括危险源辨识及管理、安全培训、安全过程控制等任务。

【任务分析】

　　危险源辨识及管理将施工现场所有的生产要素、生成构件等都绘制在主体施工 BIM 模型中。在此基础上,采用 BIM 技术通过 BIM 安全分析软件(如 Fuzor 等)基于 BIM 模型对施工过程中的危险源进行辨识、分析和评价,快速找出现场存在危险源施工点并且进行标识与统计,同时输出安全分析报告。基于安全分析报告进行安全 BIM 模型的创建与优化,制订安全施工解决方案。最终通过安全 BIM 模型及安全施工方案进行现场安全施工管理。

　　安全培训及交底是采用 BIM 技术进行技术交底,将各施工步骤、施工工序之间的逻辑关系、复杂交叉施工作业情况、重大方案施工情况直观地加以模拟与展示。基于 BIM 可视化平台,进行图文并茂说明。以直观的方式在降低技术人员、施工人员理解难度的同时,进一步确保技术交底的可实施性、施工安全性等。同时基于 BIM 的方法进行安全教育和方法传播,提高现场施工人员安全意识。

【任务实施】

1) 危险源风险管理

危险源风险管理主要包括危险源识别、安全风险评价、控制措施计划、实施控制措施计划、检查 5 个步骤。

(1) 危险源识别

建立以 BIM 模型为基础的危险源识别体系，按照《重大危险源辨识标准》的相关规定，找出施工过程中的所有危险源并进行标识。

(2) 安全风险评价

在安全计划和控制措施合理的情况下，分别对已经识别出的各项危险源潜在的安全风险进行主观评价，判定安全风险的程度。将所有危险源按照损失量和发生几率划分为 4 个级别的风险区(特级风险区、一级风险区、二级风险区、三级风险区)，并依次采用红、橙、黄、绿 4 种颜色予以标出，在施工现场醒目的位置张贴予以告示，让施工人员清楚的了解哪些地方存在危险、危险性的大小。

(3) 编制安全风险控制措施计划

项目管理人员应通过编制安全应急预案和控制措施，管理经过安全风险评价确定的重大危险源。保证安全管理措施在项目当前状况下仍然适当有效。

(4) 评审安全风险控制措施计划

安全风险控制措施计划优化修改后，需要重新进行安全风险评价，确保安全风险能够得到有效的控制。

实施控制措施计划：已评审合格的安全风险控制措施要落实到建筑工程安全施工过程中。

(5) 检查

检查安全风险控制措施在项目实施过程中的执行情况，并对其执行效果进行评价；在项目生产过程中，当主客观条件发生变化时，当前安全控制措施是否能够满足要求、是否需要制订新的安全风险管理方案。检查过程中如果发现新的安全风险，则需要进行新的安全风险管理过程，如图 12-2-1 所示。

其中危险源辨识是施工现场安全管理中的基础性工作。危险源辨识的目的就是通过对系统的分析，界定出系统中的哪些部分、哪些区域是危险源，其危险的性质、危害程度、存在状况、危险源能量与物质转化为事故的转化过程规律、转化的条件、触发因素等。以便有效地控制能量和物质的转化，使危险源不致于转化为事故。它是利用科学方法对生产过程中那些具有能量、物质的性质、类型、构成要素、触发因素或条件，以及后果进行分析与研究，作出科学判断，为控制事故发生提供必要的、可靠的依据。

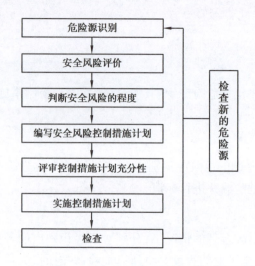

图 12-2-1 安全风险管理过程

危险源管理是指现场管理人员通过手机端对问题进行记录,并将发现的安全问题与三维模型进行关联,对发现的问题进行责任人分派并实时跟踪问题处理状态,实现安全问题全过程管理的可视化、可追溯,达到统一管理、形象展示和实时监控的目的。安全控制管理流程与质量控制流程类似。

以一项事故隐患为例,项目名称:××南 1#楼。隐患位置:基础堆土。拟采取措施:增加堆土场地。隐患描述:基础开挖附近堆土偏高。通过 BIM 项目管理平台可实时查看模型状态,该模型与收集末端平台信息数据库进行了对接,数据信息上传后可以在模型中进行查看,图 12-2-3 所示是隐患信息在模型中显示的示意图,通过查看模型可以更加直观形象地发现存在事故隐患构件的具体位置。此时,通过人工干预进行现场实时上传的事故隐患信息与 BIM 安全信息模型预先集成的构件的参数化信息、警限值、措施等信息的及时对比分析,一旦发现处于危险状态,可以立刻进行警告以及实现手机信息采集平台末端相应措施信息的推送,此时及时通知责任人,用户可通过待处理事项查看并及时进行整改,同时采取相应的措施,整个过程也是形成一个动态及时的事故预防系统。

2)安全培训及交底

在项目施工前,通过危险源识别、施工预演(即动态施工模拟)和基于 BIM 的安全检查,能较为详细地了解建设项目施工阶段的安全状况,将这些安全情况以动画的形式对施工作业人员进行更加深入和具体的安全教育是非常必要的。应用 BIM 进行数字化培训能体现安全培训的现场感,促进施工人员对培训内容的认知,使他们在短时间内快速理解如何进行安全操作,因此,这样会提高安全教育培训的效果,减少培训师的工作压力,从而减少不必要的成本。

由于 BIM 具有信息完备性和可视化的特点,将 BIM 当作数字化安全培训的数据库,BIM能帮助他们更快和更好地了解现场的工作环境。不同于传统的安全培训,利用 BIM 的可视化和与实际现场相似度很高的特点,可以让工人更直观和准确地了解到现场的状况,了解到哪些地方容易出现危险等,从而制订相应的安全工作策略,对一些复杂的现场施工,其效果尤为显著。

如果通过对文化素质总体偏低的基层工作人员采用书本学习的方式来实现安全教育培训,往往效果不佳。但是,以动画为载体,将项目中仿真的影像呈现给该群体,使其身临其境,并意识到工作危险的存在,则更能够达到预期效果。安全人员向进场施工的作业人员介绍该项目存在的安全隐患,指出他们应该注意的地方,如图 12-2-2 所示。显示了某工程竖向洞口部位的动态漫游示意图,如图 12-2-3 所示。

图 12-2-2　竖向洞口部位的动态漫游示意图

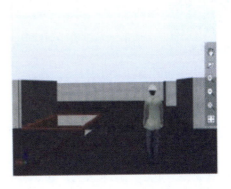
图 12-2-3　水平洞口部位动态漫游示意图

【任务总结】

施工安全过程主要是对危险源进行辨识及管理的过程,结合工程项目危险源清单,首先基于 BIM 模型快速找出现场存在的危险源并进行标识;其次是对这些危险源点进行施工安全培训与交底,告知施工人员注意安全;最后在施工过程重点对危险源处进行安全监控及管理,对存在安全隐患的位置进行记录、整改,避免发生安全问题。

【课后任务】

1. 机电工程常见危险源有哪些? 如何预防和控制?

2. 请讨论你见过的 BIM 运用在工程安全管理的案例。

3. 你认为 BIM 在工程安全管理上除本书列举的用处外还可以用到哪些方面?

项目 13 施工成本管理

任务 1 成本模型创建

【任务信息】

某学校教学楼项目,主要由学校场馆与教学综合楼两个单体建筑组成。总建筑面积约 4.8 万 m²,其中新建部分总面积为 3.8 万 m²,主要有运动场、学校用房、图书馆及地下车库。本项目业主对成本的控制极为严苛,要求 BIM 模型深化准确的同时,需结合国内通用的造价软件建立成本模型,帮助控制施工成本。

【任务分析】

工程量清单计价优势分析:

①它是以工程实体的实际工程量为基础而生成的,而建筑信息模型的 Rvit 软件就是统计模型中所建造的实际工程量,模型越精确所统计的工程量就越与建成项目所耗的工程量相近,因此工程量清单表的依据与 BIM 的 Revit 软件统计依据是相当一致的。

②在国内外的认可度方面,工程量清单计价优于定额计价,清单计价方式能有效地鼓励企业之间形成一种良性竞争从而降低和控制工程成本,非常适合我国(以市场经济为主的经济环境)的竞争性计费方式。

③对 BIM 模型的工程量计算方式问题,可以直接根据清单的工程量计算规则来确定具体导出的构件体量属性中对应字段。前面提到了 Revit 模型的工程量统计是基于我国标准清单来进行的,所以,在设置要用 Revit 模型导出来的工程量时,需要依照清单表来确定。例如,砌筑工程中的砌块墙,清单计价规则中是通过计算其体积作为工程量列入清单表中,那么就可以直接通过 BIM 模型导出的墙的体积来统计墙体工程量。同样的门窗表对应面积、扶手对应长度等。所以,总的来说,就是以清单表作为一个规范来查阅需要计算的分项工程工程量的计算规则,从而确定需要从 BIM 模型中导出哪个量体属性作为统计的工程量。

④对 BIM 模型中分别计算各个构件的工程量并在表中分散交叉列出对应的各个构件项目工程量问题,需要通过分类汇总的方法由 BIM 模型直接生成的明细表做进一步的整理,这也是与清单表中以每个分项工程项目为基本单元来分别统计工程量总量并自成一排的形式所决定的。

基于以上原因,本次任务通过 BIM 模型与清单计量方式来构建的基于 BIM 的工程预算模型。

【任务实施】

本项目通过 BIM 模型与清单计量方式来构建的基于 BIM 的工程预算模型。首先需要在了解项目基本情况的前提下建立项目 BIM 成本信息模型,需要注意的是模型必须以基于 BIM 的成本管理建模标准进行设置和建模;然后采用成本信息完善方法对成本信息模型中的信息进行补充和完善;最后按基于 API 的信息提取方式提取 BIM 模型中预算所需信息,进行算量和计价工作。

1)BIM 成本信息模型的搭建

首先基于提出的建模标准要求进行 BIM 建模,并在模型中根据设计要求把支吊架设置进去。具体建模过程模块 1 有详细说明,此处不再赘述。

对于项目的每个构件实体而言,在建模时都按照模块 1 建立的建模标准的要求进行了详细的命名、设置和项目特征等的编辑。建模完成后,单击构件即可显示该构件的所有物理、几何、工程属性。

2)基于 Revit 的模型完善和工程量计算

该软件(斯维尔)以 Revit 为基础,以插件的形式集成了全国和各省的清单定额规范,内置了构件自动布置功能,可以根据需要对模型和算量规则进行设置并自动完成算量和报表导出功能,并能够进行简单的 5D 成本管理。

其成本管理的基本流程为:模型建立→工程设置→构件映射→(构件核对/构件布置)→汇总计算→报表生成→4D 建模→5D 建模→5D 成本管理。

①工程设置在工程量计算前首先进行工程设置,内容包括:

a.计量模式设置:采用清单模式还是定额模式,套取哪种定额或清单,以及扣减规则等算量规则设置。

b.映射规则设置:也就是关键字识别库,可以导入已有规则也可以对初始规则进行改变。

c.结构设置:对构件的混凝土和实体材料统一进行分楼层设置,也可以选择用建模时设定好的材质。

d.工程特征设置:设置好工程的概况、基础土层参数等。

②模型转换。

将 Revit 模型的构件转换成算量软件能够识别的具有工程属性的构件,其实就是根据关键字识别完成构件的映射,并根据映射的结果完成清单编号、挂接做法等工作,为后续的工程量统计做好准备工作。此步骤的关键在于建模时构件的命名以及关键字识别库的完整程度,所以,在完成转换后还应对模型进行检查,如果有构件没有识别。应及时手动识别修改或修改族名称或更改映射库,重新进行识别。

③构件布置。

在进行汇总计算前还应该对构造柱、过梁、压顶等构造构件进行智能布置,利用软件完成了构造柱、过梁和压顶的自动布置,保证了工程量统计的准确性。

④汇总计算。

汇总计算是预算阶段最重要的工作,该阶段首先可以根据需要选择是否挂接做法,并对挂接失败的构件进行做法维护,手动挂接做法或修改族名和属性重新挂接,以便汇总清单工程单。从计算原理的角度看,基于 BIM 的算量软件本阶段主要工作包括:查找到所有需要计算的构件,对查找到的构件进行分析(包括各种属性的提取),计算工程量,根据清单或定额计算方式进行汇总和归并。

从项目概况中可以看出,本项目并不复杂,工程量也不庞大,其实对于熟练的预算管理人员来说,手算或者使用广联达、鲁班等算量软件进行算量也不复杂,基于 BIM 的算量在此处的优势其实并不明显,但这只是因为案例选取的原因,在大型复杂的项目中,基于 BIM 的算量将会具有更明显的优势。

⑤报表生成。

建议基于 Revit 的算量软件可以导出各种需求报表,在完成汇总计算后,该软件自动生成了各类报表,在实证研究中利用软件导出了该项目的分部分项工程量清单表(2008 版)。

【任务总结】

通过建立基于 BIM 的 5D 实际成本数据模型,能直接根据设计模型进行工程量统计,且工程量极为精确;BIM 软件自动生成的成本数据可随时更新至模型,有利于及时进行成本控制;在设计变更时,自动进行预算成本的实时更新;将实际成本 BIM 模型挂接到企业相关职能部门,共享工程项目的实际成本数据,实现了公司与项目部的信息对称。

【课后任务】

1.阐述工程项目 BIM 机电成本模型创建的主要流程。
2.结合文章的实例尝试对你所知的工程实例进行 BIM 模型结构分解。

任务2　成本管理

【任务信息】

以某学校教学楼项目为基础,结合 BIM 成本模型及 BIM 成本管理系统,实现对本项目的工程施工成本控制。

【任务分析】

工程项目的实际成本是以合同成本为依据。BIM 成本核算的基础是以 WBS 为主线创建出"3D 实体+时间+WBS"BIM 数据库。如何将时间加到 BIM 模型中来实现实时的成本核算?通过在 Revit 模型的基础上利用 Nevisworks 软件可以实现将时间参数加入 3D 模型。

在 BIM 模型中将各个实际的成本数据细化到各个构件级。因为 BIM 本来就是建立的基于各个构件的模型,所以要做到上面这点并不难。这样,就可以按月或关键时间节点来调整模型中的实际成本信息。需要周期性梳理的信息有:材料的入库情况、出库和消耗情况、人工单价和消耗情况、机械周转材料消耗情况、管理费用支出情况等。

【任务实施】

利用建立的"3D 实体+时间+WBS"BIM 数据库,可以快速地导出各种成本信息,进而帮助成本管理者进行有效的成本分析。而且数据库不仅可以导出实际的总成本。它还可以统计出各 WBS 阶段的成本,根据进度计划预测后一阶段的成本,真正实现实时全面的成本核算管理。具体操作流程如下:

1)创建基于 BIM 的实际成本数据库

在 BIM 3D 实体模型的基础上,将模型进行 WBS 分解;应用 Nevisworks 软件把时间、工序等信息加入模型构件中,建立成本的 5D(3D 实体+时间+工序)关联数据库,所建成的数据库中都包含各种计划、目标信息,包括计划工序、计划工程进度等;在这个 5D 关联数据库中再及时将过程中的实际成本数据输入进去,则系统会自动快速地进行项目的成本分类汇总、统计等工作。将模型按模块 1 中的要求进行构建后,以模型的 WBS 分解得到分项工程的人工、材料、机械单价为主要数据作为实际成本输入到 BIM 的 5D 数据库中。如果模型中的构件项目还没有确定相应的合同单价,则可以先以预算价输入,一旦有了合同单价的实际成本数据,就可以及时用实际成本数据替换掉之前的预算数据。

2)及时将实际成本数据输入数据库

成本核算的意义在于能将实际消耗成本与计划成本进行对比,不断地掌握其中的差距,从而达到对实际消耗成本的全过程实时控制。最初的 BIM 5D 数据库中实际成本数据是以企业的定额消耗量和合同价款为基础得来的。但随着实际工程项目的不断推进,实际消耗量与之前输入的定额消耗量存在一定差异,这就需要及时更新实际数据,通过对比,及时调整差异。通过更新 BIM 5D 数据库实现对 BIM 的实际成本进行实时的动态控制,从而准确、高效地处理烦琐、复杂的大规模成本数据。

3)快速实行多维度(时间、空间、工序)成本分析

在 BIM 模型的 5D 数据库中设置基础构件的成本信息,按月周期性地对模型实际信息进行维护、调整、分析,依靠 BIM 模型的 5D 数据库中强大的分类、统计、汇总、分析能力,就能使工程项目的成本核算变得非常简单轻松。

【任务总结】

基于 BIM 成本数据模型,利用 BIM 成本管理系统,将模型与现场施工进度挂接,同步对本项目机电施工的材料采购、进度审批、工程付款等环节系统化控制,实现基于 BIM 的工程施工成本精细化管理。

【课后任务】

阐述工程项目 BIM 成本管理系统操作流程及应用内容。

项目 14　施工信息管理

任务 1　信息管理

【任务信息】

　　某学校教学楼项目,主要由学校场馆与教学综合楼两个单体建筑组成。总建筑面积约 4.8 万 m²,其中新建部分总面积为 3.8 万 m²,主要有运动场、学校用房、图书馆及地下车库。本项目周边环境复杂,施工作业面狭窄,施工过程中难度大,且因施工周期紧张,沟通过程尤为重要,提高信息沟通的有效性,缩短沟通成本,能更高效地解决施工过程中因沟通不及时所带来的返工或整改问题。本工程 BIM 模型,如图 14-1-1 所示。

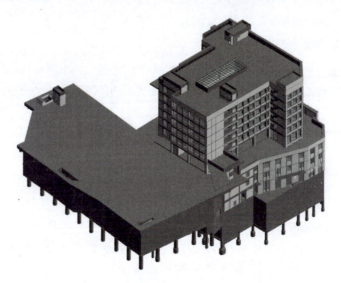

图 14-1-1　某学校教学楼与体育场 BIM 模型

【任务分析】

　　工程项目具有结构复杂、施工周期长、施工动态性强、信息资料繁多的特点,传统信息管理方式在当前的施工过程中暴露出诸多问题,主要体现在施工资料和数据繁琐复杂、数量庞大,建筑信息更新缓慢等方面。基于 BIM 协同平台的信息管理则主要为了实现施工过程中资料、信息的管理和数据的优化,通过施工资料管理、人员管理、机器管理、材料管理等管理功能,同时在平台上可实现企业、多部门、多领域协同信息传递与管理,有效解决施工管理中遇到的难题。

【任务实施】

1)信息管理主要内容

施工阶段信息管理主要涉及人员管理、施工机具管理、施工材料管理、施工进度管理、工程环境管理等,主要是把施工阶段所涉及的全部建筑信息、管理信息、文件信息进行提取、展示、交互和储存。

2)基于 BIM 协同平台的信息管理具体实施流程

以某学校为例,基于本项目的 BIM 协同平台信息管理主要包含项目具体信息、项目前期勘测与设计、项目深化、项目现场管理等主要功能。BIM 协同平台充分利用了 BIM 技术的优势,考虑 BIM 技术的协同管理价值,系统功能基本覆盖了项目建设的主要信息管理业务,并与 BIM 模型进行有效整合,为各参与方创建信息化的协同工作环境,有效满足了本项目的协同管理需求。

在本项目中,基于 BIM 协同平台结合 BIM 模型所包含的数据信息,将本项目相关的建设方、施工方、监理方、设计方等多方相关人员集成统一管理,根据权限机制管控,给予不同单位不同人员的特定权限,通过协同平台实现多方、多类信息系统数据交互,根据相关单位创建组织架构。

设计阶段完成后,经过图纸会审、相关人员进行审批后进行信息发布,信息发布后将推送给指定的相关单位及具体事项责任人,相关人员根据接受到的信息进行下一步作业。相关人员可以通过网页端、移动端或 PC 端进行信息查看,同时可以实现资料提交、资料审批和线上资料查看等信息交互功能,管理人员可根据信息发送情况查看相关人员对信息的查看接收情况,有效地解决了信息时效性与传达及时与否的问题。

相关责任人根据施工过程中遇到的问题,需要解决的内容或作业中产生的问题资料,项目表单、工作日志、变更清单、请款流程、付款申请等一系列信息资料。将通过平台进行线上审批、交流及回复,形成各项表单、流程或图像资料,并对其进行统一管理。电子文件的在线制作、流转、签批和归档的全过程管理极大地降低了人员资料签批的流转时间和难度。另外,通过与 BIM 技术的深度融合,平台可助力实现资料的利用与查阅。

以协同平台信息阶段性成果报审流程为例,展示阶段性成果报审的具体过程和其中的相关信息交互。

首先组织相关人员进行线下图纸会审,会审通过后由 BIM 工程师上传 BIM 模型、图纸等工程数据至协同平台,并对模型自检合格后,提交阶段性成果报审,在提交报审资料的过程中,需要选择审批人,选择后相应的审批人员才能看到相关审批流程并进行资料查看和内容审批。

报审资料需要逐级审查。在审查过程中,若有需要修改的地方,相关人员根据修改意见进行修改后再次上传文件;在修改过程中,若涉及对修改意见或结果进行讨论的情况,则可采用线上沟通或视频会议模式,通过会议管理指定会议时间、选择参会人员、上传会议资料,会议结束后,形成最终的会议纪要及成果,并通过会议管理,可随时查看会议过程,保证会议信息的完整性与准确性。

修改确定后的成果文件经相应人员再次审批批准后,形成最终阶段报审成果文档,为后续成果发布提供文件信息。

BIM 模型阶段性成果报审流程完成后,相关人员对 BIM 模型阶段性成果发布进行报审,报审资料批准后,各参建方即可通过发布后的 BIM 模型查看相关构件参数信息,使各参建方信息集成并共享。

【任务总结】

本任务主要介绍了基于 BIM 协同平台的信息管理内容,首先在设计阶段完成后进行线下图纸会审,形成最终成果,将最终形成的施工图纸上传至平台,经过相关审批人员审批后,发布最终成果文件,并将信息推送给不同参与方。各参与方登录平台账号,查看相关信息,并对信息进行核对,如有反馈意见,则可直接线上沟通,并推送给相关人员。平台可根据阶段不同将信息进行归类,各阶段有不同的管理板块,如人员管理,各参与方可以根据人员配置情况对相关人员进行信息添加,确保信息交互能精确到各个人员。每个管理板块有不同的信息,根据需要可在相应的板块进行信息查询、流程提交、文件提交或查看等。

【课后任务】

简述基于 BIM 协同平台的信息管理具体实施流程。

任务2　资料管理

【任务信息】

以某学校教学楼项目为例,从初期设计到竣工完成的整个项目实施过程中,会产生大量的过程资料,在整个过程阶段中,通过 BIM 协同平台,项目全过程所产生的相关资料将进行自动归档,方便后期对资料进行查看及调用。

【任务分析】

建筑工程的文件主要是指在建筑从设计到竣工过程中产生的大量文件资料,包括二维图纸、三维模型、三维出图、工作日志、材料清单以及项目进行过程中多方沟通、传递、共享的资料等一系列文件,这一系列大量繁杂的文件需要进行最终的统一归档,为后续工程实施扩建、改建以及后期维护等工作的顺利开展提供了重要数据支持,文件整理归档的动作称为文件管理。

【任务实施】

目前建筑工程文件管理主要有两种方式:一种为传统的文件管理方式,主要通过各参与方资料员对文件进行整理及归档;另一种采用基于 BIM 协同平台做文件管理,结合 BIM 模型所含数据,以现代化数据集成的管理方式对项目全过程的文件资料进行集成并归档。

基于 BIM 协同平台的文件管理方式作为现代化工程管理方式,能够利用数据库、BIM 模型与互联网结合,将虚拟模型与实际数据进行共享,实现施工阶段海量信息的集成、管理、分析、共享,灵活的权限设置,既然为各参与方提供高效的资料管理平台又能确保图档文件的安全保密,将碎片的、杂乱的文件整理为有序的、完整的共享资料库,方便各个阶段、各相关人员对所需资料的实时查阅,管理功能框架图,如图 14-2-1 所示。

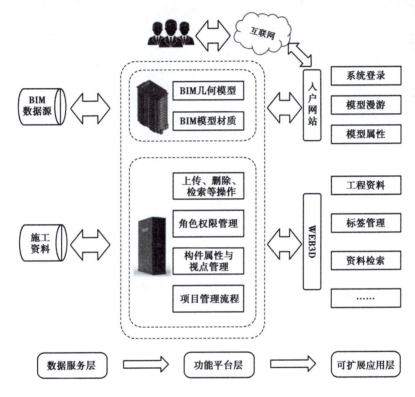

图 14-2-1　基于 BIM 协同管理平台的施工文件管理框架

以某学校项目为例,各个阶段不同管理人员有对应的平台账号,通过账号登录后,对模型、信息、资料进行上传,在资料管理板块中,根据对应的参与方上传不同的文件资料,如图 14-2-2 所示。

根据上传文件资料,在平台内会形成资料管理的目录结构,根据目录结构,以参与方名称为总文件,分项里则包含相应参与方不同的资料文件,文件分类清晰明了,可实现快速查找相关资料。

在文件管理中还针对各个相关方建立不同的文件夹,实现各个阶段的不同文件管理,包括监理文件、施工文件、设计文件等,在相关文件夹中的文件资料可在线预览,实时下载。

项目竣工验收及交付全过程见表 14-2-1。

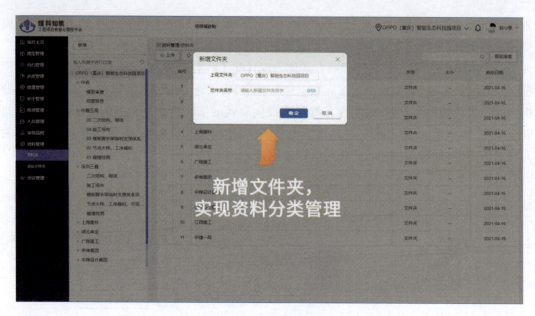

图 14-2-2　上传文件资料

表 14-2-1　项目竣工验收及交付全过程

流程	责任人/部门	归档文件内容
工程完工 ↓ 自行验收 —否→ 整改 ↓是 验收申请 ↓ 组建竣工验收组 ↓ 竣工验收 —否→ ↓是 专项验收 —否→ ↓是 验收备案 ↓ 工程交付	监理单位	①监理日志； ②监理日报、月报； ③监理规划、细则； ④监理工程师联系单及批复； ⑤旁站记录； ⑥材料进场报验； ⑦分包资质进场报验； ⑧检验批验收记录； ⑨工程总结； ⑩竣工验收质量评估报告……
	土建施工单位	①施工技术准备文件，图纸会审记； ②工程图纸变更记录； ③试验报告； ④隐蔽工程检查记录及相应报验单； ⑤施工记录及相应报验单； ⑥工程质量评定资料及相应报验单； ⑦工程质量事故处理记录； ⑧工程质量检验记录
	项目部 项目领导小组	①工程竣工验收申请； ②验收组成员确认表； ③工作联系函

续表

流程	责任人/部门	归档文件内容
	竣工验收组 现场工作人员 项目部	①竣工资料； ②工程质量验收资料； ③工程外观验收资料； ④工程使用功能抽查资料，工程竣工验收单。
	电气、给排水、消防、采暖、通风、空调、燃气、建筑智能化、电梯工程	①图纸变更记录； ②设备、产品质量检查、安装记录及相应报验单； ③隐蔽工程检查记录及相应报验单； ④施工试验记录及相应报验单； ⑤质量事故处理记录； ⑥工程质量检验记录 ……
	室外工程	①室外安装施工文件(含报验单)； ②室外建筑环境(建筑小品、水景、道路、园林绿化等)
	施工单位 使用部门 项目部	①工程交付手续； ②权属证明

　　在施工阶段，借助平台部分信息文件已经在过程中记录，如工程图纸变更记录、材料进场报验、检验批验收记录、质量事故处理记录，并形成了相关文档资料和影像资料，竣工验收阶段，只需要在资料文档文件内查看是否有需要补充的内容，再次进行上传归档即可。

【任务总结】

　　基于 BIM 项目管理平台资料管理，平台会自动归档项目实施过程中的过程资料，并可在对应的管理板块对相关资料进行查看。如参与某项会议，在会议过程中则会产生系列资料，如图纸、会议流程、参会人员、会议主要内容及最后的会议纪要等。在创建这个任务时，根据具体内容选择相关单位及人员，并上传相关资料，但在资料上传过程中，上传的资料则需要按照平台的分类板块上传到指定位置。如内容为会议资料，则首先需要选择资料类型为会议资料，再选择参与阶段，如施工阶段，根据会议主要参与方选择具体单位，如×××公司，根据具体会议的板块进行命名，如 BIM 深化模型交底会议，再上传会议的相关文件。会议结束后，可在资料管理内容中找到本次会议的全部会议资料，如参会人员、会议主要内容、资料上传资料人员、会议时间以及最后的会议纪要。

【课后任务】

　　1. 谈谈基于 BIM 协同平台文件管理的内容。
　　2. 总结传统的文件管理与基于 BIM 协同平台的文件管理的优劣势。

模块4

建筑设备工程BIM运维管理

【教学目标】

[建议学时]

4+2（实训）。

[素质目标]

培养科学预判性的设备工程 BIM 运维管理能力。

[知识目标]

①掌握建筑设备工程的设施设备管理方法；

②掌握建筑设备工程的能源管理方法。

[能力目标]

能够基于 BIM 运维管理平台进行设备工程的运维管理。

项目 15　设施设备管理

任务 1　建筑设施设备管理

【任务信息】

　　某办公楼为 A,B 两栋,地上 9 层,地下 2 层,总建筑面积约 2.7 万 m^2,建筑高度为 40 m,建设主体包括办公、会议、资料储存、档案储存、生活配套几大功能空间。建筑效果图如图 15-1-1 所示。本项目涉及设施设备多,系统、管线复杂,亟需通过 BIM 设施设备管理系统直观展示项目设施设备信息,如位置、维保时间、维保人员、生产厂家等,以便于对各类设施设备进行监测、维保,提前规避设施设备故障,以及当出现故障时,可以第一时间进行定位,清楚了解故障发生情况,如图 15-1-1 所示。

图 15-1-1　建筑效果图

【任务分析】

　　本项目在运维阶段设施设备管理时,其主要任务是通过 BIM 运维管理平台对设施设备信息、维护信息以及备品备件进行管理。

【任务实施】

1）设施设备综合信息管理

由于本项目设施设备系统体量庞大，各专业管线错综复杂，管件和部件数量繁多，通过设施设备综合信息管理系统，对建筑设备相关数据信息进行规范化的组织和整理。通过对建筑设备相关信息的登记和维护，使物业运维人员能够实时掌控和快速查询建筑设备的基本状况信息。

建筑设备综合信息管理用于为运维人员提供完整准确的设备信息，实现对建筑设备信息的增加、修改、删除和查询等功能。建筑设备综合信息管理提供了设备基础信息管理、设备运维信息管理、设备信息统计和报表管理功能。

设备基础信息管理是对描述建筑设备的规格属性、技术参数等基础信息进行管理，运维人员可快速查询到设备的型号、规格、安装位置等信息。

设备运维信息管理是对建筑设备运维过程中产生的运维信息进行管理，如设备的故障记录、维修记录、运行状态等，方便运维人员实时掌握设备的运行情况。

设备信息统计是对建筑设备的数量、种类、故障频率、维修次数等信息进行统计分析，以表格、直方图、折线图等直观的方式展现出来，辅助管理人员进行运维决策。

物业运维人员可以在数据库中通过搜索查询设备信息，也可以在 BIM 模型中利用其可视化功能查看建筑设备空间位置、运维状态等信息。其中，要实现对设备信息的搜索查询以及在 BIM 模型中定位的基础是对设备进行编码，一个编码唯一标识一个设备，建立设备与信息之间的映射关系，实现设备信息与模型之间的动态关联、快速定位。本项目自设计阶段开始就将各类构件进行编码，将构件编码作为其唯一标识，应用于全生命周期，便于跟踪设备全程，有利于对设备的维修费用、故障信息等进行统计分析。某设备构件编码，如图 15-1-2 所示。

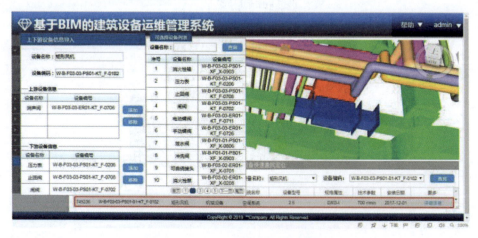

图 15-1-2　某设备构件编码示意图

2）设施设备维修管理

建筑设施设备维修管理是设施设备管理的核心部分，主要用于对建筑设备的日常维护保养和故障维修工作过程进行的管理。设备的检查、维护和修理是建筑设备运维管理中工作量最大的环节,通过建立规范化的维修管理流程,缩短各个工作节点响应处理时间,以提高维修效率和维修质量,实现建筑设备运维管理的规范化、标准化和高效化。

建筑设备维修管理主要包括 3 个方面的内容:计划维修管理、故障维修管理和工单管理。

(1) 计划维修管理

计划维修管理的目标就是通过定期维护减少建筑设备故障的发生,降低运维成本,延长设备使用寿命。结合故障分析结果以及设备状态监测信息,对设备进行有计划的、针对性的检查和保养,合理安排预防性维修工作。

计划性维护是让用户依据年、月、周等不同的时间节点来确定设备的维护计划,当达到维护计划所确定的时间节点时,系统会自动提醒用户启动设备维护流程,对设备进行维护。设备维护计划的任务分配是按照逐级细化的策略来确定的。一般情况下,年度设备维护计划只分配到系统层级,确定一年中哪个月对哪个系统(如中央空调系统)进行维护;而月度设备维护计划,则分配到楼层或区域层级,确定这个月中的哪一周对哪一个楼层或区域的设备进行维护;而最详细的周维护计划,不仅要确定具体维护哪一个设备,还要明确在哪一天具体由谁来维护。通过这种逐级细化的设备维护计划分配模式,运维管理团队无须一次性制订全年的设备维护计划,只需有一个全年的系统维护计划框架,在每月或是每周,管理人员可以根据实际情况再确定由谁在什么时间维护具体的某个设备。这种弹性的分配方式,其优越性是显而易见的,可以有效避免在实际的设备维护工作中,由现场情况的不断变化或是某些意外情况,而造成整个设备维护计划无法顺利进行。

(2) 故障维修管理

故障维修管理是结合设备历史故障信息和运行状态,对设备故障问题快速识别、定位,并通过制订有效的维修方案对故障进行处理。

(3) 工单管理

工单管理主要用于对维修任务的分配和统计,将不同类型的任务分配给不同的专业人员,同时可根据工单的分配情况统计员工的工作量,可作为员工绩效考核的依据之一。

设施设备维修管理业务流程,如图 15-1-3 所示。运维管理人员根据建筑设备的基础数据以及故障分析结果,制订预防性维修计划。在预防性维修计划审批通过后,将任务工单分配给相应的维修人员来执行。任务完成后,维修人员将填写维护保养记录,对建筑设备的最新运维情况进行反馈。在日常维护保养的过程中,维修人员如果发现设备存在故障,则需要及时解决故障问题,并将故障处理情况进行反馈。若现场无法直接处理则需要将故障情况进行上报,提交故障维修申请单。管理人员将根据现场的故障情况调用运维数据库中的建筑设备相关信息以及 BIM 模型进行故障诊断,通过 BIM 模型的可视化功能辅助决策,识别故障原因,对故障部件进行快速定位,并制订合理的故障维修方案。根据生成的故障维修工单,将任务分配给相应的维修人员。故障处理结果通过验收后,将故障维修记录的相关信息更新到运维数据库中。当有突发故障发生时,管理人员则应立即组织维修人员进行故障维修,避免故障损失的扩大。

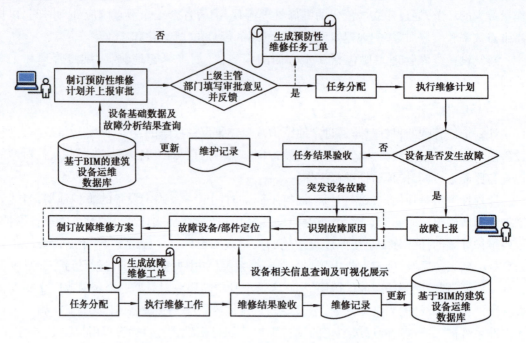

图15-1-3 建筑设备维修管理模块业务流程图

3) 备件管理

在本项目设施设备运维管理过程中,为了保持设备的性能与精度始终在理想范围内,需要使用新的零部件来更换受损的旧零件,新的零部件被称为配件。为了能够按计划进行设备的维修保养工作,尽量减少设备停机修复的时间,降低维修费用,预先储备的用于维修使用的配件,称为备件。

备件管理是建筑设备运维管理工作的重要组成部分,只有科学地制订备件采购计划,合理安排备件的储备与供应,才能保证建筑设备维修任务在满足进度的前提下,充分减少开支。否则,如果备件储备过多,则会导致备件库存积压,增加备件的储存和保管费用,甚至因储备时间过长导致备件的损坏,增加运行成本;若储备数量过少无法及时供应维修所需的备件,则会影响建筑设备的维修进度,导致设备无法正常运行,进而造成经济损失或其他不良后果。

备件管理是在保证备件的质量、数量、供应及时和经济合理的前提条件下,对备件的计划、采购、储备和供应等方面所进行的管理工作。备件管理主要包括备件采购计划管理、备件出入库管理、备件库存管理3个部分。备件采购计划管理是根据维修计划以及备件使用的实际情况制订备件采购计划,按照计划的时间和数量完成备件采购,满足建筑设备维修的使用需求。备件出入库管理主要是对建筑设备备件的出入库情况进行登记,追踪备件在采购中的成本和工单中的使用情况,统计材料费用的去向,有利于控制成本和预算。备件库存管理用于对备件的库存情况进行管理,统计备件库存数量,通过控制备件采购来保持一个经济有效的库存,避免库存量过多或不足的情况出现。另外,可根据不同建筑设备的备件要求,划定备件最低库存值,当备件库存低于最低值时,提醒管理人员及时采购备件。

　　备件管理和建筑设备维修计划密切相关。首先根据维修计划建立备件采购、供应计划，形成备件采购清单，并进行采购活动。若非紧急采购情况，则将采购的备件进行验收入库，并及时更新库存；若为紧急采购，则直接将采购的备件领用至设备，不进行验收入库，直接在出库登记中备注为紧急采购，与其他正常出入库的备件进行区分。当执行维修任务需要使用备件时，首先对备件库存数量进行检查，如果库存数量充足则提供备件并做出库登记，备件管理人员及时更新库存；如果库存数量不足，则由备件管理人员制订采购计划，及时填补备件。备件管理业务流程，如图 15-1-4 和图 15-1-5 所示。

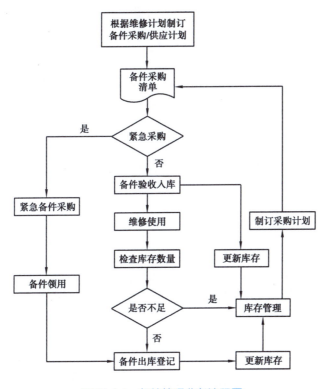

图 15-1-4　备件管理业务流程图

图 15-1-5　备件入库单信息查询界面展示

【任务总结】

　　运维阶段设施设备管理是对设施设备信息、维护、备品备件管理的过程。通过在 BIM 运维管理平台中,将各设施设备的生产信息、运维信息集成到构件中,并形成台账,方便运维人员查询设施设备信息情况;对设施设备进行监控预警,记录设施设备维护信息,便于查找和责任追溯;针对项目采购备品备件,通过基于 BIM 运维管理平台对备品备件进行统一管理,在出现质量问题时,可直接查询到厂家信息,提高备品备件管理质量。

【课后任务】

　　谈谈基于 BIM 的设施设备管理内容。

项目 16　能源管理

任务 1　建筑设备能源管理

【任务信息】

双碳政策下,国家发改委、住建部等部门发布了多项有关碳排放的政策法规和指导意见,大力发展绿色建筑和建筑节能,整体减少碳排放,全体提升可持续发展能力。以某办公楼为基础,积极响应国家智能建筑和绿色建筑的相关政策,打造绿色低碳的智慧办公空间,提升员工日常办公体验,提高建筑能源管理效益。

【任务分析】

本项目在运维阶段能源管理时,主要任务是通过 BIM 运维管理平台对建筑能耗进行监测、统计、控制等。

【任务实施】

双碳目标下,节能减排是建筑全生命周期都需要考虑的重要内容。在运维阶段,节能减排主要体现在能源消耗方面。在本项目中,能源管理是办公楼日常运维中的一个重要环节,掌握了本项目的能源消耗就能基本掌握本项目运维的关键。本项目能源管理系统包括能源监测、能源统计与分析、能源控制等。本项目能源管理系统是将 BIM 技术与物联网、云计算等相关技术结合,以 BIM 模型为载体,将传感器与控制器连接起来,对建筑物能源进行监测、诊断、分析,形成能源统计报表,自动管控本项目室内空调系统、照明系统、消防系统等所有用能系统,并能实现实时能源查询、能源排名、能源结构分析和远程控制服务,使本项目能源管理智能化,达到节能的效果,摆脱传统运营管理下由建筑能源大引起的成本增加。本项目能源管理如图 16-1-1 所示。

1) 能耗监测

建筑能耗分类监测的重点监测项目包含水、电、气、热等能耗的监测。建筑能耗分项监测是按照建筑物在整个生命周期运行过程中所消费的各式各样的能源,按照不同能源的用途来详细划分并对其开展具体的监测。关于分项能耗的重点监测项目包含空调、动力、照明及其他分项的能源消耗监测。本项目具体的监测内容,如图 16-1-2 所示。

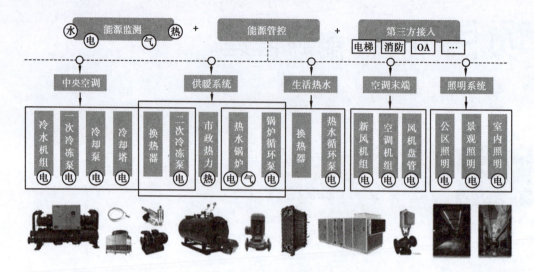

图 16-1-1 能源管理系统架构

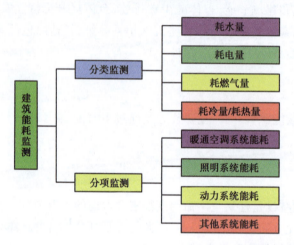

图 16-1-2 能耗监测内容

本项目设立了所有设备设施不同类别的监测点,同时设置了各设备设施监测点的属性,并且通过运维管理平台来控制各个监测点,开展建筑能耗数据监测。所有设备运行过程均会有能耗数据,而各个能耗数据又不一样,监测点能够直接监测各设备设施运行过程中所产生的能耗数据,所以监测点的配置十分重要。监测点和监测点性能的配置情况,如图 16-1-3 所示。

（1）电量监测

本项目的电表为具有传感功能的电表,在能源管理系统的能源监测模块中可以实时收集本项目所有电表的能源信息,并通过能源管理系统的统计分析功能,能实现能源消耗的自动统计分析,包括各区域、各个租户的每日用电量,每周用电量等,方便物业运维人员对本项目能源进行集中管理和监控,对异常能源使用情况进行警告或者标识。

（2）水量监测

本项目通过水表与能源管理系统进行通信,在能源管理系统中可以清楚地显示建筑内水网位置信息,有效判断水平衡。同时通过对整体管网数据的分析,可以迅速找到渗漏点,及时维修,减少浪费。而且当物业运维人员需要对水管进行改造时,可以在 BIM 模型中清楚查看项目管网情况,清楚了解每条管线的位置,有利于提高物业维护效率和精确度。

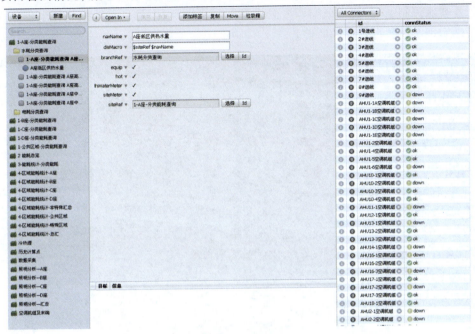

图 16-1-3　监测点及属性配置

（3）环境监测

本项目通过在室内外等关键位置部署环境监测器,监测环境中的温度、湿度、二氧化碳浓度、光照度、空气洁净度等信息。物业管理者可基于 BIM 模型对空调送出水温、空风量、风温及末端设备的送风温湿度、房间温度、湿度均匀性等参数进行相应调整,方便运行策略研究、节约能源。

2）能源数据统计

能源管理系统支持按时、日、月、年不同时段,或不同地理区域,或不同能源类别,或不同类型耗能设备对能耗数据进行统计。分析能耗总量、单位面积能耗量、人均能耗量,以及历史趋势,同业对比,同期对比等能耗数据之后,自动生成实时曲线、历史曲线、仿真曲线、实时报表、历史报表、日月报表等资料,分析能源使用过程中的漏洞和不合理情况,调整能源分配策略,减少能源使用过程中的浪费,达到节能降耗的目的。建筑能耗统计数据,如图 16-1-4 所示。

3）能源系统控制

本项目通过对各系统进行综合监控,结合变频技术和智能控制系统,实现了各系统高效节能。

（1）中央空调智能运行维护系统

通过布设在中央空调(制冷/供暖)系统各个环节(包含制冷机房、供暖机房、建筑室外、空调末端)的温度、压力、流量、能耗等传感器,采集空调系统运行中的实时动态数据,即时汇总到核心智能总控系统。依据建筑暖通、水力特征建立分析模型,通过运算分析得出最优化运行逻辑(如制冷机出水设定点、冷冻流量调节策略、群控加减载参数、分区流量控制等),再传送到各智能控制系统,使中央空调所有设备即时协调运行,达到系统最优化节能效果,并通过云端实现实时数据传递和监控。

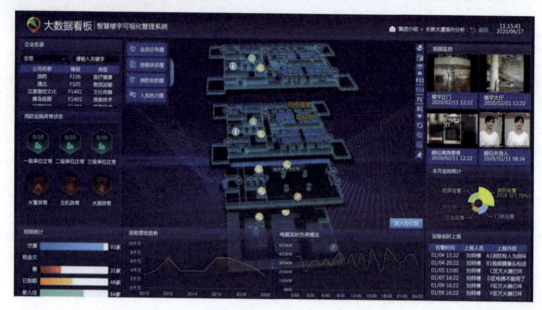

图 16-1-4 能源数据统计

(2)供热智能控制管理系统

通过对热源、热网、供热指标、供热效果、供热流量和效率的实时监测,智能控制和调节热源设备、换热站、换热机组的运行工作状态,达到按需供热、按需用热的目的,实施热源、管网、用户的统一管理,形成分散布局、一体化管理的供热智能控制管理系统,从而使供热系统安全、可靠、经济、高效运行,最终实现供热系统的节能减排。

(3)空调末端智能运行维护系统

将建筑内的空调面板通过控制总线进行集中联网管控,实现各个房间温度控制、风盘控制等功能。将建筑内分散安装的风机盘管全面联网、互联互通,依据环境温度、湿度、二氧化碳、VOC 等传感器的实时反馈,在无须人工干预的情况下实现末端设备的运行监控、远程集中管理、空气净化处理、冷热源联动、异常报警等智能化管控。

(4)照明智能控制管理系统

本项目通过能源管理系统对各类照明设备进行管理和控制,根据光照环境、运动检测、场景要求、用户预设需求等条件自动监测照明设备的各类数据,通过对所采集的信息进行分析、运算、存储,实现照明智能控制,改善照明系统运行情况,增强系统能效与安全,平衡照明需求及照明设备用能关系,减少设备维护费用并延长设备使用寿命,提高照明设备控制及管理水平。

【任务总结】

　　运维阶段能源管理是在 BIM 运维管理平台中，通过在末端布置传感器，并与平台进行接入，监控项目电耗、水耗以及环境信息，生成能源统计清单，为建筑能耗控制提高数据支撑；能耗控制是根据建筑外界情况，如光照、温度等，对系统进行调节控制，达到节能降耗的目的。

【课后任务】

　　谈谈基于 BIM 的能源管理内容。

主要参考文献

[1] 边凌涛. 安装工程识图与施工工艺[M]. 重庆：重庆大学出版社，2016.

[2] 廊坊市中科建筑产业化创新研究中心. "1+X"建筑信息模型(BIM)职业技能等级证书——教师手册[M]. 北京：高等教育出版社，2019.

[3] 彭红圃，王伟. 建筑设备 BIM 技术应用[M]. 北京：高等教育出版社，2020.

[4] 马骁，陶海波. BIM 深化设计五部曲[M]. 北京：中国建筑工业出版社，2020.

[5] 黄亚斌，徐钦. Autodesk Revit 族详解[M]. 北京：中国水利水电出版社，2013.

[6] 卫苊宇，刘群. 建筑 BIM 技术应用基础[M]. 重庆：重庆大学出版社，2018.

[7] 叶雯，路浩东. 建筑信息模型(BIM)概论[M]. 重庆：重庆大学出版社，2017.

[8] 宋强，黄巍林. Autodesk Navisworks 建筑虚拟仿真技术应用[M]. 北京：高等教育出版社，2018.

[9] 王艳敏，杨玲明. BIM 机电设计 Revit 基础教程[M]. 北京：中国建筑工业出版社，2019.

[10] 黄亚斌，王艳敏. 建筑设备 BIM 技术应用[M]. 北京：中国建筑工业出版社，2019.

[11] 代端明. 建筑水电安装工程识图与算量[M]. 重庆：重庆大学出版社，2016.

[12] 中华人民共和国住房和城乡建设部. 建筑信息模型应用统一标准：GB/T 51212—2016[S]. 北京：中国建筑工业出版社，2017.

[13] 中华人民共和国住房和城乡建设部. 建筑信息模型分类和编码标准：GB/T 51269—2017[S]. 北京：中国建筑工业出版社，2018.

[14] 中华人民共和国住房和城乡建设部. 建筑信息模型施工应用标准：GB/T 51235—2017[S]. 北京：中国建筑工业出版社，2018.

[15] 中华人民共和国住房和城乡建设部. 建筑信息模型设计交付标准：GB/T 51301—2018[S]. 北京：中国建筑工业出版社，2019.

[16] 中华人民共和国住房和城乡建设部. 建筑工程设计信息模型制图标准：GJ/T 448—2018[S]. 北京：中国建筑工业出版社，2019.

[17] 沈阳市城乡建设委员会. 建筑给水排水及采暖工程施工质量验收规范：GB 50242—2002[S]. 北京：中国标准出版社，2004.

[18] 中华人民共和国住房和城乡建设部. 自动喷水灭火系统施工及验收规范：GB 50261—2017[S]. 北京：中国计划出版社，2017.

［19］中华人民共和国住房和城乡建设部. 通风与空调工程施工质量验收规范：GB 50243—2016［S］. 北京：中国计划出版社，2017.

［20］中华人民共和国住房和城乡建设部. 电气装置安装工程　电缆线路施工及验收标准：GB 50168—2018［S］. 北京：中国计划出版社，2018.

［21］中华人民共和国住房和城乡建设部. 火灾自动报警系统施工及验收标准：GB 50166—2019［S］. 北京：中国计划出版社，2019.

［22］中华人民共和国住房和城乡建设部. 建筑电气工程施工质量验收规范：GB 50303—2015［S］. 北京：中国建筑工业出版社，2015.